AF249670

LES
GISEMENTS BITUMINEUX

DU

CANTON DE GENÈVE

NOTICE INDIQUANT

LEUR FORMATION GÉOLOGIQUE, LEURS PROPRIÉTÉS PHYSIQUES ET CHIMIQUES,
COMPARÉES A CELLES DES GISEMENTS CONNUS, LEUR EXPLOITATION ET LEUR AVENIR
AU POINT DE VUE DE L'APPLICATION AUX TRAVAUX
DES PONTS ET CHAUSSÉES ET DE DIVERSES TRANSFORMATIONS INDUSTRIELLES,
SUIVANT LES RAPPORTS DE MM. LES INGÉNIEURS ET CHIMISTES

**ROCHAT, BURTIN, GRÜNER, DE MARIGNAC, L'HOTE, GARDY,
RENAUD, JANIN-BOVY, PITORRE, SCHMIDT & REY.**

PARIS

LIBRAIRIE SANDOZ & FISCHBACHER

33, rue de Seine, 33

GENÈVE	NEUCHATEL
Librairie Desrogis	Librairie générale
J. SANDOZ, successeur.	J. SANDOZ

1877

LES
GISEMENTS BITUMINEUX

DU

CANTON DE GENÈVE

NOTICE INDIQUANT

LEUR FORMATION GÉOLOGIQUE, LEURS PROPRIÉTÉS PHYSIQUES ET CHIMIQUES,
COMPARÉES A CELLES DES GISEMENTS CONNUS, LEUR EXPLOITATION ET LEUR AVENIR
AU POINT DE VUE DE L'APPLICATION AUX TRAVAUX
DES PONTS ET CHAUSSÉES ET DE DIVERSES TRANSFORMATIONS INDUSTRIELLES,
SUIVANT LES RAPPORTS DE MM. LES INGÉNIEURS ET CHIMISTES

ROCHAT, BURTIN, GRÜNER, DE MARIGNAC, L'HOTE, GARDY, RENAUD, JANIN-BOVY, PITORRE, SCHMIDT & REY.

PARIS

LIBRAIRIE SANDOZ & FISCHBACHER

33, rue de Seine, 33

GENÈVE	NEUCHATEL
Librairie Desrogis	Librairie générale
J. SANDOZ, successeur.	J. SANDOZ

1877

IMPRIMERIE TYPOGRAPHIQUE ZIEGLER & Cie, RUE DU RHONE, 52

LES GISEMENTS BITUMINEUX

DU

CANTON DE GENÈVE

COMMUNES DE SATIGNY, RUSSIN ET DARDAGNY.

INTRODUCTION

Occupés depuis plusieurs années à l'étude des richesses minières de notre pays, nous avons déjà réuni dans nos mains un certain nombre de concessions de diverses natures. Parmi les plus importantes, soit par leur facilité d'exploitation, soit par la quantité du minerai et ses nombreuses applications, nous citerons les gisements de molasse bitumineuse de Dardagny, Satigny, Russin, etc., dans le canton de Genève.

L'intérêt tout d'actualité que présentent ces gisements nous engage à exposer dans cette notice tout ce que nous avons appris relativement à leur valeur d'avenir et aux emplois multiples dont ils sont susceptibles.

Nous n'en avons point fait la découverte : ces gisements sont déjà indiqués sur la carte Dufour, et les documents que nous présentons témoignent que depuis longtemps des recherches, des analyses, des essais, des travaux, avaient été effectués ; mais nous avons donné un corps à des éléments précédemment disséminés, nous avons concentré et placé sous une seule impulsion des efforts individuels demeurés jusqu'alors stériles.

Le moment est des plus propices : dans les grandes villes, l'édilité aux abois ne sait plus quel système de pavage adopter sans sortir des conditions économiques exigées par les budgets municipaux ; nos produits résoudront avantageusement cette grave et difficile question.

L'industrie voit chaque jour augmenter le prix du combustible indispensable à son existence ; nous pourrons le lui offrir à des conditions toutes favorables.

Outre la chaleur, nous fournirons la lumière, des huiles pour certaines industries, des engrais utiles à l'agriculture, des ciments éminemment hydrauliques et divers autres produits d'un emploi général.

Mais nous serions suspects d'un enthousiasme exagéré, si nous développions nous-mêmes tout ce que nous concevons de possible au moyen de ces produits ; nous laissons donc à nos lecteurs le soin d'apprécier les documents que nous leur offrons, avec l'espoir que nos travaux ne resteront pas stériles, et que des richesses naturelles aussi considérables sortiront enfin du sein de la terre et concourront efficacement à la prospérité du canton de Genève et de notre patrie en général.

Avant toute chose, nous remercions bien vivement les personnes auxquelles nous devons les documents ci-après ; c'est à elles, à leurs constants efforts, que nous devrons le succès de notre entreprise.

Genève, Janvier 1877.

Victor MANUEL,

Ancien concessionnaire des mines d'asphalte du Val-de-Travers.

Antony REY,

Ancien concessionnaire et directeur des travaux de la Société des asphaltes
du Val-de-Travers, à Paris et à Londres.

Georges PERUSSET, ingénieur.

LES GRÈS BITUMINEUX

DE CHOULLY & DE DARDAGNY

PAR

M. Alexandre ROCHAT-MAURY, Ingénieur.

Le canton de Genève, si richement doté à beaucoup d'égards, et si développé pour certaines industries, ne peut être cité pour celles qui ont comme objet l'exploitation des produits naturels du sous-sol.

Cependant, l'application chaque jour plus étendue des sciences à l'industrie et l'établissement des chemins de fer ont fait découvrir l'utilité de bien des substances et permis la mise en valeur de certaines d'entre elles qui, jusqu'ici, étaient considérées comme n'étant pas susceptibles d'une exploitation lucrative. C'est en se basant sur ces points de vue que quelques personnes se sont appliquées à rechercher de nouveau le parti que l'on pourrait tirer d'une partie des molasses de notre canton qui, imprégnées d'une substance huileuse et brunâtre, et exhalant une forte odeur goudronnée, avaient, depuis près d'un siècle déjà, attiré l'attention des observateurs.

Ces molasses imprégnées se rencontrent surtout depuis Choully; elles apparaissent au jour dans le lit de la London, près des Granges, au nant de Roulavaz, plus au sud, et s'étendent à l'ouest de Dardagny; elles se montrent au nant Punais, dont le nom provient de l'odeur qui se dégage de ses rives et du goudron qui recouvre ses flaques pendant l'été. Recouvertes en partie par les graviers quartenaires à l'est de Dardagny, les molasses bitumineuses reparaissent à la Plaine sur les bords du Rhône, se dirigeant du côté de Chancy. — Elles sont également constatées à Boissy et à Bernex.

La présence du bitume dans les molasses de Dardagny n'avait point échappé à l'illustre de Saussure. Dans son discours académique des Promotions de 1770, il engagea même le public « à faire des fouilles dans le nant de Roulavaz, croyant qu'il « y avait lieu d'espérer qu'on y trouverait des couches plus considérables de charbon « de pierre. »

Dans cette espérance, quelques particuliers réunirent une somme de quatre cents louis pour subvenir aux frais des fouilles; mais la difficulté de s'entendre avec le propriétaire du sol fit échouer l'entreprise.

Ce fut aussi pour trouver du charbon de pierre que, le 29 Décembre 1825, le sieur Tessier, de Genève, négociant à Roanne, fit ouvrir un puits et une galerie au point culminant de Dardagny; mais il ne trouva que de la molasse bitumineuse et abandonna l'affaire.

De 1836 à 1839, l'emploi du bitume aux dallages ayant pris faveur, une société de propriétaires de Genève, à la tête de laquelle était M. de Grenus, fit monter des chaudières pour la cuisson de la molasse imprégnée de goudron; elle expédiait le goudron liquide à Genève. C'est avec ce produit que MM. Saudino et Girel, applicateurs d'asphalte, exécutèrent successivement, en 1826, l'asphaltage du Marché couvert de la Corraterie en 1838, les dallages d'une brasserie à Plainpalais, d'une terrasse à Pregny, des cuisines de M. Moulinié; enfin, en 1839, divers travaux au Fort-de-l'Écluse.

Une attestation, faite par M. Girel, déclare cette matière excellente et supérieure à beaucoup d'entre les plus renommées.

La mort du principal contre-maître de la mine arrêta les travaux, qui ne furent pas repris.

Une autre entreprise fut commencée, en 1834, par des frères Bouqueau, de Paris, mais brusquement arrêtée par la mort de l'un d'eux.

Depuis quelques années, M. Gaillard, propriétaire à Choully, d'une part, et MM. Gardy, ingénieur, Chevassu-Clément et Galland, à Dardagny et la Plaine, d'autre part, ont formé des associations provisoires pour chercher ailleurs que dans le puits Tessier, jusqu'alors seul exploité, et presque comblé par l'eau, des bancs plus facilement exploitables.

Les concessionnaires de Dardagny, afin de diriger leurs recherches, s'adressèrent à M. Burtin, ingénieur, de Taninges, qui, après une visite consciencieuse des localités, crut pouvoir, dans son rapport, engager les sociétaires à persévérer et à user de toutes les ressources en leur pouvoir pour opérer des fouilles sérieuses, convaincu que « si « les recherches répondent en résultats à ce que promet l'étude de quelques points « que l'on remarque à la surface, l'affaire sera industriellement bonne et dédomma- « gera amplement des sacrifices qui auront été faits. »

Encouragés par ces conseils, les concessionnaires ont fait exécuter plusieurs travaux et foncer quelques puits, qui tous ont permis de reconnaître la constance de bancs de molasse bitumineuse, présentant toujours, sauf certaines variations d'allure, une plus grande richesse en bitume que les parties exposées à l'air ou au lavage des eaux.

Les échantillons recueillis par M. Burtin furent remis à M. l'ingénieur Grüner, Directeur de l'École des Mines de Paris ; à M. l'Hote, au Conservatoire des Arts-et-Métiers de Paris, et à M. le professeur de Marignac, à Genève.

Les trois analyses, exécutées par des savants aussi habiles, ont donné naturelle- ment des résultats presque identiques. Elles établissent en moyenne :

Que 100 parties de molasse imprégnée contiennent 8 $^1/_4$ parties de bitume et d'eau, et que de ces 8 $^1/_4$ parties on extrait :

$$1 \quad \text{partie de goudron,}$$
$$3\text{-}9 \quad \text{»} \quad \text{d'huiles,}$$
$$1\text{-}60 \quad \text{»} \quad \text{d'eau.}$$

M. Grüner conclut qu'en pratique on peut compter sur un produit de 5 à 5 $^1/_2$ de bitume pour 100 de matière en poids.

Il paraît donc démontré que notre canton possède des couches goudronneuses d'une constance et d'une épaisseur suffisantes pour servir de base à des recherches minières sérieuses ; les essais pratiques qui ont été faits prouvent que le bitume extrait est d'excellente qualité ; enfin, les analyses assurent un rendement qui n'est pas éloigné de celui d'autres localités avantageusement exploitées.

La nature siliceuse et non calcaire de nos molasses imprégnées ne permet pas d'espérer qu'elles puissent être employées directement à la construction des chaussées en asphalte roc, mais leur facile désagrégation par la chaleur rend la distillation et la séparation des huiles et du bitume particulièrement économiques ; en sorte que le parti le plus avantageux qu'on pourrait, semble-t-il, en tirer, serait la fabrication de l'huile minérale d'éclairage ou pétrole.

M. l'ingénieur Gardy, l'un des concessionnaires, trouve que les huiles qu'il a extraites de nos molasses offrent tous les caractères du pétrole d'Amérique ; elles lui sont même supérieures en ce sens qu'elles ne renferment pas d'essences légères et que leur degré d'inflammabilité est plus élevé. — Selon lui, un ouvrier mineur peut extraire par jour de 4 à 5 mètres cubes de roche, dont le rendement en huile varie de 3,5 à 5 %. Mais afin de rester dans des limites certaines, il admet que le travail d'extraction ne serait que de 2 mètres cubes et le rendement en huile épurée de 2 % seulement.

D'après ces données, le travail journalier de 20 ouvriers donnerait encore un bénéfice net de 970 francs par jour. Ces chiffres semblent assez encourageants ; malheureusement, une exploitation et l'installation d'une usine de distillation exigent des capitaux assez importants, et notre pays est loin de ressembler à l'Angleterre et à l'Amérique pour les facilités de se procurer cet élément indispensable de réussite.

Il est à souhaiter cependant que la poursuite des recherches et des expériences, en confirmant les résultats acquis et en changeant en certitude les espérances des concessionnaires, leur permette de trouver bientôt l'appui qui leur est nécessaire pour recueillir le fruit mérité de leurs peines et de leur persévérance.

Genève, 1872.

A. Rochat-Maury, *ingénieur.*

RAPPORT

DE

M. F. BURTIN, Ingénieur des mines

ET ANALYSES

En s'éloignánt de Genève par le chemin de fer de Lyon, après une demi-heure de marche, on arrive à la commune de Dardagny, en un point appelé la Plaine. A la station de ce nom, si l'on quitte le chemin de fer pour revenir vers le pont de la London, on rencontre une fabrique de couleurs appartenant à M. Gardy. Derrière cette usine et sur la rive droite du Rhône, apparaît un banc de molasse fortement imprégné de goudron, inclinant vers le Sud. Aux premiers morceaux que l'on détache, l'eau s'irrise d'une manière très-prononcée.

Cette formation continue en descendant le Rhône, et on la retrouve près de l'ancienne fabrique de colle. Près le pont d'Avully, le banc disparaît sous l'eau. Près du moulin Bilet, ce banc a changé un peu de direction : il court du S.-E. au N.-O. En partant de là, en descendant vers Chancy, la formation devient stérile.

Si nous revenons au point de départ, c'est-à-dire vers le pont du chemin de fer sur la London, au-dessous de Russin, et que nous remontions vers Dardagny, le banc de molasse imprégnée disparaît, pour ne réapparaître qu'au-dessus du village, sur le chemin de Challex. En ce point, la molasse se désagrège très-facilement et passe à l'état de sable, mais très-imprégné de goudron.

Un peu au-dessous de ce point, vers l'Ouest, se trouve le ruisseau des Charmilles, dans lequel on rencontre d'abord un banc de marne stérile, avec noyaux de grès. Direction : S.-O. à N.-E., inclinant vers le N.-E.

Ce banc, en ce point, renferme peu de matières utiles. Toujours dans le même ruisseau, en face de la jonction des routes de St-Jean et de Challex, on trouve un banc de 2 mètres de puissance, s'orientant E.-O., inclinant vers le Nord.

Un peu au-dessous du pont de la route de Challex, le même banc se poursuit, et c'est là qu'a été pris l'échantillon n° 1.

Après avoir remonté les Charmilles, si l'on visite le *Nant Punais,* à une petite distance de la route de St-Jean, on rencontre un banc de molasse ayant à peu près la direction de celui rencontré vers le moulin Bilet. En ce point, la molasse est assez riche pour qu'il s'y opère naturellement une distillation de goudron, en quantité assez abondante pour qu'on puisse la ramasser dans les flaques d'eau qui avoisinent le banc; nous en avons recueilli au bout de nos bâtons.

C'est là qu'a été pris l'échantillon n° 2.

A quelques pas au-dessus de ce ruisseau, on trouve un puits dans lequel malheureusement nous n'avons pas pu descendre, parce qu'il est plein d'eau. On m'a assuré qu'il avait été foncé à 30 mètres de profondeur et qu'il avait toujours traversé la même molasse imprégnée. Du reste, les déblais que l'on trouve indiquent bien encore la présence du goudron, quoiqu'il y ait près d'une quarantaine d'années qu'ils sont exposés à l'action atmosphérique.

Si, du Nant Punais, on va visiter le ruisseau de *Roulavaz,* on constate encore en plusieurs endroits la présence de la molasse, quelquefois stérile, d'autres fois riche, notamment contre la percée n° 3, où a été pris l'échantillon n° 3.

Là, le banc a une puissance de 1^m50, avec inclinaison à l'Ouest.

La matière paraît riche en ce point.

Si l'on quitte le Roulavaz pour remonter la London jusque vers *les Granges,* sur la rive gauche de cette rivière, on constate encore la présence de la molasse imprégnée de goudron. Ce banc a une direction E.-O., avec une inclinaison de 15° vers l'Est. C'est là qu'a été pris l'échantillon n° 4.

Ce point fait partie d'une concession dite *Concession Gaillard*, tandis que les autres points cités plus haut font partie de la concession Gardy.

Nous n'avons pu constater la matière utile qu'en ce seul point de la concession Gaillard, parce qu'il n'y a été fait aucun travail d'exploration et que le banc, inclinant vers l'intérieur de la colline, n'a d'autres affleurements connus que ceux indiqués par l'érosion de la London.

Pour résumer ce que nous venons de dire, la molasse imprégnée de goudron apparaît le long du Rhône en plusieurs endroits, depuis la frontière française jusqu'à la fabrique de M. Gardy, remonte à l'Ouest de Dardagny, aux Charmilles, au Nant Punais, à Roulavaz, au-dessous d'Essertine et de Malval, et apparaît enfin aux Granges, inclinant vers Choully.

En parcourant tout le territoire de Dardagny, qui est de 816 hectares, et celui de Satigny, qui est de 1834 hectares, on remarque partout la présence de cette molasse, passant quelquefois au grès. Elle est stérile en quelques endroits, riche en d'autres cités plus haut.

Il est très-regrettable qu'il n'y ait pas eu des travaux d'exploitation exécutés en divers endroits, afin de mieux se fixer sur la valeur industrielle des deux concessions. Pour le moment, on est obligé de s'en tenir aux indications fournies naturellement par les érosions. C'est trop peu pour se prononcer sur la valeur de l'affaire, mais assez cependant pour encourager des recherches sérieuses, soit ou Roulavaz, soit aux Charmilles, soit *surtout au Nant Punais,* parce que ce point paraît plus riche et aussi parce qu'il est situé tout près de la route de Dardagny à Challex et que le chemin à établir pour le transport coûterait très-peu. Une recherche sérieuse serait donc bien placée en ce point.

On pourrait aussi en ouvrir une du côté du puits ou vider celui-ci. Une recherche pourrait encore se faire facilement dans la vigne au-dessus de Dardagny, sur la route de Challex.

Si l'on se bornait à une seule recherche, celle du Nant Punais serait celle que nous conseillerions.

Quant à la concession Gaillard, comme le banc de molasse incline vers la colline, une recherche ailleurs que dans le lit de la London serait plus coûteuse et devrait, par conséquent, n'être entreprise que plus tard.

Il vaudrait mieux se fixer d'abord sur la valeur de la concession Gardy, à moins que les ressources financières ne permissent des recherches sur tous les points à la fois ; mais nous ne saurions trop engager les concessionnaires à user de toutes les ressources en leur pouvoir pour faire des recherches sérieuses, permettant de se fixer sur la valeur industrielle de l'affaire, qui me paraît bonne, sans que pourtant les seules indications que fournit la nature puissent être suffisantes pour s'en former une idée nette, purement et consciencieusement exprimée.

Nous persistons à croire que l'affaire mérite d'être étudiée, et si les recherches répondent en résultats à ce que promet l'étude de quelques points que l'on remarque à la surface, nous croyons que l'affaire serait industriellement bonne et dédommagerait amplement des sacrifices faits pour ces recherches.

Nous avons laissé aux concessionnaires quatre échantillons pris aux points indiqués plus haut, en leur conseillant de les faire analyser à l'École impériale des Mines de Paris. Nous n'avons pas les résultats de l'analyse, mais nous donnons ci-après les résultats de deux analyses faites à Paris et qui nous ont été fournies par M. Chevassu. Les résultats sont de nature à encourager les recherches.

Analyse du bitume extrait des sables bitumineux de Dardagny.

Schiste brut	45 %	
Coke	40 %	100
Gaz	14,60	
Ammoniaque	0,40	

Sur 100 parties d'huile de schiste brute de l'extrait ci-dessus, on trouve :

Photogène	38,00 %
Huile grasse	30,00
Parafine	2,36

Créosote 17,00
Résidus 12,64

Taninges (Haute-Savoie), 1ᵉʳ août 1868.

(Signé) Fr. **Burtin**, ingénieur des mines.

Copie extraite d'une lettre de M. Fr. Burtin, ingénieur :

Taninges (Haute-Savoie), 15 août 1868.

Monsieur Chevassu, Clément,

Je reçois à l'instant de M. Grüner le résultat des essais de vos grès ; je m'empresse de vous faire parvenir copie de la partie de la lettre qui intéresse votre affaire.

Voici ce qu'écrit M. Grüner (ingénieur en chef, sous-directeur de l'École impériale des Mines) :

« La roche est évidemment de la molasse sableuse, micacée, avec léger ciment
« calcaire. C'est tout à fait semblable au grès bitumineux de Seyssel-Pyrimont, sauf
« peut-être la richesse, car je ne connais pas celle des roches de Seyssel. Les grès les
« plus riches sont les nᵒˢ 2 et 3 ; les deux autres paraissent plus ou moins altérés à l'air.
« En les calcinant au rouge faible, pour ne chasser que le bitume et l'eau sans l'acide
« carbonique du compte de chaux, les pertes en poids ont été :

Pour le nº 1 . . . . 7,1 %
 » » 2 . . . . 9,6 »
 » » 3 . . . . 9,1 »
 » » 4 . . . . 6,8 »

« Les chiffres sont donc un peu supérieurs aux teneurs réelles en bitume, puis-
« qu'ils correspondent en même temps à l'eau dégagée. Pour doser le bitume, on a
« traité les deux plus riches par l'éther ; on a eu :

$$\text{Pour le n}^\circ 2 \dots\dots\dots\dots\dots\dots\dots\dots \quad 7,0 \ \%$$
$$\text{»} \qquad \text{» } 3 \dots\dots\dots\dots\dots\dots\dots\dots \quad 8,3 \ \text{»}$$

« Les n°s 1 et 4, que je n'ai pas essayés, donneraient au plus 5 à 6 % de bitume
« et probablement moins. En traitant les n°s 2 et 3 par l'eau bouillante, pour faire
« fondre le bitume, ainsi que cela se pratique en grand à Seyssel, on peut obtenir à
« peu près les deux tiers du bitume fourni par l'éther.

« Par contre, les n°s 2 et 3 donneraient probablement de 5 à 5 $^1/_2$.

« La question de savoir s'il y aura bénéfice ou perte dépendra surtout du prix de
« la roche bitumineuse et de celui du combustible sur les lieux.

« Il doit y avoir de la tourbe sur les lieux.

« Quant à la qualité de l'asphalte, je pense qu'elle doit être pareille à celle de
« l'asphalte de Seyssel ; on ne peut l'étudier qu'en grand, ou, du moins, en opérant
« sur de grandes masses.

« Recevez, Monsieur, etc.

« *(Signé)* GRUNER. »

Sur ces renseignements, dit M. Burtin, je ne ferai qu'une seule remarque :

Vous voyez que les échantillons n°s 1 et 4 paraissent plus ou moins altérés à l'air ;
il en est évidemment de même des échantillons n°s 2 et 3, quoique peut-être en
proportion moindre, car ces quatre échantillons ont été pris à la surface et sont
depuis longtemps au contact de l'air. Il est plus que probable qu'au-dessous de la
surface, la richesse en bitume devra augmenter.

Il ressort de là la nécessité de faire des recherches pour être fixé sur la valeur de l'affaire, et je crois que les recherches seront à l'avantage de la concession.

Agréez, Monsieur, etc.

(Signé) Fr. BURTIN, ingénieur.

Résultats des essais de M. le professeur de Marignac sur les sables schisteux bitumineux de la commune de Dardagny (Juin 1868).

Le n° 1 provient du Nant de Roulavaz, sous les Rippes ; correspond au n° 3 de M. Grüner.
Le n° 2 » » » à fleur d'eau » » »
Le n° 3 » des anc. extractions faites dans les années 1834-54 ; corr^d au n° 2 »
Le n° 4 » » » » » » »

Calcination dans un creuset.	*N° 1*	*N° 2*	*N° 3*	*N° 4*
Perte par calcination....................	8,50	7,80	8,15	8,40
Charbon dans le résidu..................	1,60	1,90	1,45	2,60
Résidu de sable........................	89,90	90,30	90,40	89,00
	100,00	100,00	100,00	100,00

Distillation dans une cornue.		*Produit distillé.*	
Produit distillé........	6,50	Eau...................	1,60
Résidu..............	93,10	Huiles...............	3,90
Gaz	0,40	Goudron	1,00

(Signé) DE MARIGNAC, professeur.

**Analyse par le Conservatoire des Arts-et-Métiers. — Laboratoire de Chimie générale.
Échantillons de minerai envoyés par M. Gardy.**

Bitume......................	8,64
Eau......................	2,00
Résidu siliceux..............	89,36
Huile obtenue par distillation......	4,07 pour 100 de minerai à l'état sec.
Bitume.......................	8,81

(Signé) L. L'Hote.

« Monsieur,

« Je vous adresse ci-inclus l'analyse des minerais que vous m'avez envoyés au
« Conservatoire. Cet échantillon est beaucoup plus riche que le précédent, et mes
« chiffres se rapprochent de ceux trouvés par M. Grüner pour l'échantillon n° 3.

« Nos différences provenaient évidemment de ce que nous opérions sur un minerai
« qui n'avait pas été pris au même endroit.

« Agréez, etc.

« *(Signé)* L. L'Hote. »

Grès bitumineux de Dardagny.

Genève, le 15 août 1875.

Mon cher Monsieur,

Je n'ai pas eu le temps de vous envoyer plus tôt la note que je vous avais promise
relativement au parti que l'on peut tirer des huiles que l'on obtient en distillant les
minerais de Dardagny. Vous savez que ces huiles offrent tous les caractères du pétrole

d'Amérique et que même elles lui sont supérieures, en ce sens qu'elles ne renferment pas d'essences légères et que leur degré d'inflammabilité est plus élevé.

Vu la nature tendre de la roche, un ouvrier mineur peut extraire de 4 à 5 mètres cubes par jour; mais je supposerai un minimum de 2 mètres cubes.

Le rendement en huile varie de 3,4 à 5 %, d'après les essais que nous avons fait faire chez nous et les analyses que nous avons reçues de Paris et de Genève.

Je supposerai un rendement en huile de 2 % seulement.

D'après ces données, voici quel serait le résultat d'*un jour* fait par 20 ouvriers mineurs :

Ils extrairaient 40^{mc}; à raison de 2500 kil. le mètre cube, 100,000 kil., donnant un rendement d'huile de 2000 kil., valant au plus bas 60 fr. les 100 kil. ; ce qui représente une somme de . . . . 1,200 fr.

Les frais sont les suivants :

20 ouvriers mineurs à 4 fr	80 fr.	
Frais d'épuration	35 »	
Matériel et amortissement.	40 »	230 »
Direction et surveillance	30 »	
Intérêts et frais généraux.	45 »	

Il resterait donc par jour un bénéfice net de   970 fr.

En supposant, ce que je ne crois pas, que j'exagère en plus le rendement et en moins les frais, vous voyez qu'il y a encore une marge suffisante pour laisser de jolis bénéfices.

Seulement, il faut pour une exploitation de ce genre des capitaux assez importants.

Agréez, mon cher Monsieur Janin, etc.

(Signé) E. GARDY, ingénieur.

RAPPORT GÉOLOGIQUE[1]

de M. RENAUD, ingénieur,

ET

PIÈCES ANNEXES

Lorsqu'on se rend depuis Satigny ou Peissy, villages situés sur un plateau de molasse tertiaire, au lieu dit *les Granges*, situé dans la vallée de la London, on parcourt un chemin communal bien entretenu, en pente assez forte, qui traverse les différents étages du coteau et arrive à la rivière, qu'il franchit par un pont nouvellement construit.

Au dire de différentes personnes honorables, lorsqu'on a creusé les fondations de ce pont, on a rencontré une couche de lignite intercalée dans la stratification de roches grèsiformes composant la molasse du coteau, et qui se trouverait d'environ 60 à 70 mètres inférieure au sommet du plateau.

D'après ces renseignements, que les concessionnaires devaient chercher à compléter et à éclaircir, il devenait intéressant de faire quelques recherches pour s'assurer de l'exactitude du fait et voir si le lignite, une fois découvert, offrait des chances suffisantes d'exploitation lucrative.

Disons tout d'abord que la concession dont il s'agit comprend les territoires des communes de Satigny et de Russin, soit 2279 hectares ; elle est limitée au nord par la frontière française (département de l'Ain), à l'est par le territoire de la commune suisse de Meyrin, au sud par le Rhône et à l'ouest par la petite rivière de la London, qui se jette dans le Rhône à la Plaine.

(1) Ce rapport a été fait à une époque où la couche bitumineuse, venant d'être mise à jour, ne présentait pas la teneur aujourd'hui constatée.

Cette situation heureuse de la concession entre deux vallées d'érosion offre des avantages spéciaux pour les recherches et l'exploitation ; mais avant de traiter cette matière, nous devons d'abord rechercher quelles sont les chances que nous pouvons avoir de rencontrer les couches de minerai exploitables.

Pour cela, nous devons entrer dans quelques considérations géologiques qui devront éclairer nos recherches, car la géologie est un guide précieux pour toutes les personnes s'occupant de recherches et d'exploitation de mines.

Ce fut le 20 juin 1874 que, sur l'invitation des concessionnaires, nous nous rendîmes sur place pour visiter leurs travaux et étudier le terrain. Malheureusement, la brièveté de notre visite, contrariée d'ailleurs par des pluies torrentielles, ne nous permit que de constater deux choses : *la première,* que ces travaux, tout en rencontrant de nombreux fragments et traces de lignite, n'avaient cependant point abouti à la couche régulière signalée par la rumeur publique ; *la seconde,* qu'en revanche, ces travaux avaient décelé l'existence d'une couche considérable de minerai bitumineux, dont il ne nous fut pas possible, d'ailleurs, de préciser l'allure ni la puissance.

Ce que nous allons dire ne sera donc qu'une esquisse générale, basée sur des travaux faits par des auteurs connus.

Si nous jetons un coup d'œil général sur la carte géologique de la Suisse, nous voyons les derniers chaînons du Jura former une espèce d'arc de cercle dont Neuchâtel occupe le milieu, et qui, prenant naissance à Regensburg, va se terminer à la perte du Rhône, au-dessous de Genève. Ces soulèvements jurassiques ont relevé les terrains qui les recouvraient en stratifications concordantes, et, par conséquent, ont mis à jour, sur différents points, la série crétacée et le terrain tertiaire qui recouvre la plaine suisse.

Comme ces deux derniers terrains sont les plus intéressants pour nous au point de vue des minéraux que nous avons à y rechercher, nous allons d'abord en donner le classement ou l'ordre de superposition, pour pouvoir bien nous entendre dans ce qui va suivre.

TABLEAU Nº 1.

STATIGRAPHIE GÉNÉRALE DES TERRAINS TERTIAIRES ET CRÉTACÉS.

Terrains quaternaires et formations récentes.

FORMATION tertiaire	Pliocène ou terrain tertiaire supérieur.		
	Myocène ou tertiaire moyen.		
	Eocène ou tertiaire inférieur.		
	CRAIE.....	Damien ou craie blanche.	
		Turonien ou craie chloritée.	
	Cénomanien ou grès vert supérieur, avec argile à lignite exploitée dans la Loire.		
	Gault ou albien.		
	Aptien ou grès vert inférieur.		
	NÉOCOMIEN	Urgonien	Supérieur.
			Inférieur.
		Néocomien proprement dit.	
		Valengien.	
		Dubisien-Purbeckien ?	
Terrains jurassiques.			

Mais cette série est loin d'être complète dans les localités qui nous occupent. Ainsi, dans le canton de Neuchâtel, le terrain tertiaire n'est représenté que par le *myocène;* on ne trouve aucune trace du pliocène, qui lui serait supérieur, ni de l'éocène, qui devrait se trouver au-dessous.

De plus, ce tertiaire myocène est composé d'alternances fréquentes de dépôts d'eau douce et de dépôts marins, qui attestent de la façon la plus nette que, pendant la formation de ces terrains, le sol de la Suisse a subi des mouvements nombreux et importants alternatifs (1) d'exhaussements et d'abaissements par rapport au niveau des mers de l'époque.

D'un autre côté, la série crétacée n'est pas complète non plus : la craie blanche manque totalement; la craie chloritée, ou turonien, et le cénomanien, ou grès vert supérieur, n'existent qu'en lambeaux sur quelques points, qui n'ont pas été dénudés par les courants résultant des mouvements dont nous avons parlé.

L'albien ou gault est rare aussi.

L'aptien ou grès vert inférieur est assez développé, mais il a été aussi dénudé sur la majeure partie du territoire.

Le terrain qui commence à être constant est l'urgonien, dans lequel on exploite les minerais bitumineux de Travers et de Saint-Aubin, et ceux un peu moins riches du petit massif de Pyrimont.

Comme tout le crétacé supérieur a été dénudé après sa formation, il a dû former les éléments des dépôts postérieurs ; aussi en rencontre-t-on les débris fossiles mélangés à la molasse tertiaire dans une foule de localités.

D'après ce qui précède, nous pouvons résumer comme suit la série des terrains tertiaires et crétacés en place dans la majeure partie du canton de Neuchâtel, où les closes et les soulèvements ont permis de l'étudier (2).

(1) M. Greppin compte jusqu'à six groupes alternatifs d'eau douce et d'eau marine dans le Jura bernois.

(2) Nous avons puisé la majeure partie de ces renseignements soit dans nos anciennes études géologiques, faites au point de vue de l'établissement de la ligne du chemin de fer de Pontarlier à Neuchâtel, soit dans le beau travail de Mrs E. Desor et A. Gressly sur le Jura neuchâtelois ; et nous ajoutons que ce qui est vrai pour Neuchâtel l'est également pour la partie du canton de Genève qui nous occupe.

TABLEAU N° 2.

Superposition des terrains en place dans le canton de Neuchâtel.

			FOSSILES CARACTÉRISTIQUES.
	Terrain d'eau douce supérieur	Calcaires marnéux souvent crayeux. Tourbes anciennes passant au lignite. Bancs siliceux pulvérulents ou compactes. Lignite. Inexploitable dans le canton de Neuchâtel.	Flore d'un climat chaud. — États-Unis du Sud. Nombreuses impressions de feuilles Planorbis pseudammonius. Neritina fluviatilis. Lymnées. Ossements, mastodonte, rhinocéros, etc.
TERRAIN tertiaire myocène	Molasse marine supérieure	Grès marneux alternant avec marnes verdâtres ou bigarrées. Fossiles marins nombreux.	Poissons, turritella biplicata et triplicata. Cerithium vulgatum. — Lucines. Palustra vetula. Limanivea. Pectunculus inflatus. — Pecten divers. Ostrea caudata. — O. crispata.
	Molasse d'eau douce inférieure	Molasse d'eau douce et grès marneux, alternant avec calcaires rougeâtres fétides. Rubans de gypse fibreux. Calc. d'eau douce inférieure. — 10^m. Marne bariolée lie de vin.	Empreintes de lymnées et de planorbes.
	Terrain marin inférieur Tongrien	Cailloux jurass. ou néocomiens. — Béton souvent perforé de pholades et empâté de marne jaune. Peu développé.	Ostra callifera.

Suite du TABLEAU N° 2.

	Cénomanien	Manque généralement.		0
	Gault	Manque généralement.		0
	Aptien	Manque généralement.		0
TERRAIN crétacé	Urgonien	Supérieur	Calcaire massif blanchâtre. Calcaire à caprotines injecté de bitume. Exploité à Travers et Pyrimont.	Caprotina ou chama ammonia. Scaphites Yvanii. Nerinea coquandiani. Radiolites neocomiensis. Pecten. — Limes. — Polypiers.
		Inférieur	Calcaire jaune terreux.	
	Néocomien proprement dit		Calcaire jaune clair oolithique ou lumachellique. Calcaire chailleux très-ocracé. Calcaire spathique homogène de construction. Calcaire marneux jaunâtre, avec quelques rognons de silice. Marnes à concrétions calcaires de Hauterive. Marnes bleues homogènes. Marnes jaunes.	Ammonites radiatus. — Ammonites asterianus. Belemnites Latus. — B. Dilatatus. — B. Emer. — B. pistiliformis. Ostrea. — Ost. macroptera. Terebratula biplicata. Terebratula depressa. Terebratula peregrinus. Pholadomia Elongata. Spantangus retusus. Toxaster complanatus. Serpula quinque costata. Crioceras Duvalii. Holaster l'Hardyi. Pecten atavus.

D'un autre côté, nous devons à l'obligeance de M. Emile Benoit, auteur de la carte géologique du département de l'Ain, une coupe géologique faite à Pyrimont, à l'extrémité la plus méridionale de l'arc jurassique dont nous avons parlé. Cette coupe nous indique une succession de terrains analogues à ceux du canton de Neuchâtel, en nous montrant d'une façon très-nette le terrain tertiaire reposant directement sur l'urgonien, en stratification concordante.

Comme à Travers et à St-Aubin, cet urgonien fournit le minerai bitumineux.

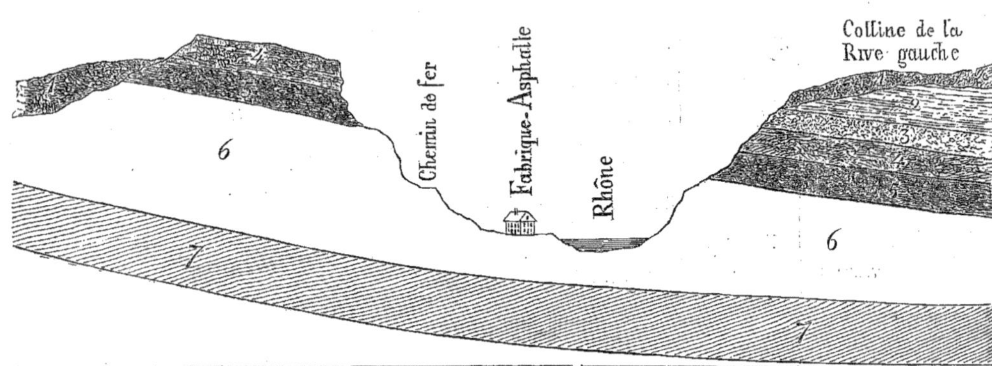

Coupe géologique à Pyrimont (Seyssel)

1. Terrain erratique glaciaire remontant du côté de Chanay-L'Hôpital.
2. Molasses des collines de la Savoie.
3. Sables et argiles tertiaires inférieurs à la molasse, localement imprégnée d'asphalte sur les deux rives du Rhône et autour du petit massif de Pyrimont.
4. Calcaire compacte (Urgonien supérieur) peu ou pas imprégné d'asphalte.
5. Calcaire crayeux (Urgonien) imprégné d'asphalte.
6. Calcaire compacte (Urgonien inférieur). Calcaires à caprotines.
7. Néocomien proprement dit.

Maintenant, avec les éléments que nous possédons, si nous suivons le versant oriental des derniers chaînons du Jura, nous verrons une zone de terrain crétacé sur toute la longueur de l'arc, passant par Saint-Aubin, L'Isle, Divonne, Gex, Sergy ou Saint-Genis, près la concession de Satigny et Russin, et s'étendant jusqu'à Pyrimont. Cette zone intéressante sépare la formation jurassique de la plaine tertiaire suisse.

Cette régularité, et la constance des étages où se trouvent les minerais bitumineux à Saint-Aubin et à Pyrimont, nous donnent *la certitude* que sur les points intermédiaires où est placée la concession, l'on doit rencontrer les minerais bitumineux dans l'Urgonien avec une richesse intermédiaire entre celle des minerais de Travers et de Pyrimont.

Or, d'après ce que nous avons pu voir sur place dans la visite malheureusement trop courte que nous y avons faite, les fouilles faites jusqu'à ce jour sont placées dans la molasse tertiaire, à peu près au niveau des couches n° 2 de la coupe ci-contre. Si donc on veut rencontrer les couches vraiment riches, il faudra pénétrer en profondeur par des puits au-dessous des galeries actuelles pour atteindre les couches calcaires n° 5, qui constituent le gisement réel de bitume.

Quelle profondeur devront avoir ces puits et quelles dépenses occasionneront-ils? Voilà ce qu'il nous est impossible de dire dans l'état actuel de la question; mais s'engager dans une dépense imprévue quelconque, lorsqu'on peut par des moyens simples éclairer sa route et en voir à peu près le terme, nous paraîtrait tout au moins imprudent. Il nous semblerait donc utile de faire, sur les lieux mêmes, les études géologiques nécessaires pour déterminer approximativement la profondeur que les puits devront avoir pour atteindre le vrai gisement.

Or, cette étude nous paraît possible par celle d'une coupe analogue à celle qui précède, et qui, partant du Reculet, soulèvement jurassique, rencontrerait la série crétacée et les terrains tertiaires en passant entre Saint-Jean de Gonville et Dardagny et coupant la vallée de la London.

Sur ce parcours, on doit pouvoir déterminer approximativement l'épaisseur de toutes les couches et par conséquent arriver à obtenir tous les éléments d'un devis sérieux des dépenses à faire.

Dans cette même étude, on pourrait aussi déterminer les emplacements des puits à ouvrir, s'il y a lieu.

Si nous passons maintenant au lignite, les travaux de recherche vont prendre une direction différente.

Ce n'est pas dans le terrain crétacé que nous aurons chance de le rencontrer, puisque l'étage cénomanien dans lequel on l'exploite dans la Loire manque complétement dans les terrains de la concession. Mais c'est surtout par des recherches bien comprises dans la série tertiaire que nous devrons procéder pour découvrir le précieux combustible, s'il existe réellement. Il est constant, en effet, que partout où l'on rencontre le terrain tertiaire, on a chance de découvrir le lignite, la majeure partie des exploitations connues de ce combustible étant faites dans cet étage.

Eh bien, ici encore, la coupe géologique dont nous avons parlé nous serait d'un grand secours, car elle étudierait toute l'épaisseur du terrain tertiaire, depuis le crétacé jusqu'au sommet des molasses du plateau de Satigny. Si elle ne signale aucun affleurement de lignite, elle indiquera au moins la profondeur des puits à forer pour la recherche, ce qui est important.

Les travaux de MM. Desor et Gressly que nous avons déjà cités, indiquent bien une absence complète de lignite dans la molasse d'eau douce inférieure du canton de Neuchâtel, mais rien ne dit qu'il en soit de même dans le canton de Genève, en sorte qu'il sera utile de faire quelques recherches même au-dessus des galeries actuelles ; mais alors ces travaux seront faciles, car il se borneront à de simples petites fouilles superficielles sur les flancs du coteau, dans les vallées d'érosion de la London et du Rhône.

Saint-Fons, 15-17 juillet 1874.

(Signé) H. Renaud.

PIÈCES ANNEXES

1. Déclaration de M. Marc Pfister, géomètre,

Légalisée par la Chancellerie du canton de Genève, le 17 Octobre 1876.

« Je soussigné, géomètre, déclare avoir vu, à l'époque des fouilles pour les fonda-
« tions du pont de Malval sur la London, en 1842 ou 41, un banc de charbon de
« l'épaisseur d'un mètre environ, ayant fait sous les ordres du Département des
« Travaux publics l'étude de l'emplacement dudit pont.

« Malval, 17 février 1873.

« *(Signé)* Marc Pfister, géomètre agréé. »

2. Lettre de M. H. Couchet, chimiste, du 18 Octobre 1876,

Adressée à l'un des concessionnaires de Satigny et Russin; ladite lettre légalisée par la Chancellerie du Canton de Genève, le 23 Octobre 1876.

« J'ai l'honneur, Monsieur, de vous soumettre le rapport de mes essais sur les « grès bitumineux provenant de vos concessions de Satigny et Russin.

« Sur trois échantillons différents pris dans la galerie sur Russin, j'ai obtenu :

« 1er échantillon d'effleurement, 3 0/0 ;

« 2e échantillon, 9 0/0 ;

« 3e échantillon, pris au fond de la galerie, 18 0/0 de matière carburée.

« Certainement il offre une grande richesse, et le seul inconvénient pour l'exploi-« tation est, selon l'avis de M. le professeur Vogt, la crainte des infiltrations d'eau. »

« Agréez, etc.

« *(Signé)* H. COUCHET: »

LETTRE DE M. A. REY

« Clarens, le 28 octobre 1876.

« Monsieur V. M., 3, place des Bergues, Genève.

« Cher Monsieur,

« Ensuite des premiers essais que j'ai tentés en votre présence avec les échantillons de grès bitumineux que vous m'avez remis, nous pouvons affirmer déjà la bonne qualité de ces produits au point de vue de leur application aux revêtements de surfaces, offrant ainsi les mêmes avantages que les mastics fabriqués avec du calcaire bitumineux. Je ne fais pour ma part aucune différence entre ces deux matières, estimant qu'un mastic fabriqué avec les grès de Dardagny-Choully aurait la même valeur industrielle que les mastics de Seyssel ou de Travers, avec cet avantage très-sérieux que votre mastic reviendrait certainement à un prix inférieur.

« Mes essais, comme vous l'avez vu, n'ont malheureusement pu être complétés cette semaine, ne possédant pas encore l'outillage nécessaire, dont je ne serai muni que dans quelques jours; toutefois, malgré l'insuffisance de mes moyens d'action, le résultat est tout ce que nous pouvons désirer de mieux, et vous pouvez sans aucune crainte, à mon avis, pousser activement à l'exploitation de ces gisements, certainement fort remarquables. La nouvelle application, en cours actuellement à Paris, des grès chargés de bitume pour l'établissement des chaussées, opération faite à froid avec des produits d'Auvergne, donne une tournure tout avantageuse et d'actualité à votre affaire, et la similitude des produits de vos concessions avec les meilleurs des gisements d'Auvergne permet d'espérer un placement tout aussi avantageux de vos grès.

« Mon opinion à cet égard repose sur une connaissance complète des bitumes d'Auvergne. Vous vous souvenez qu'en 1867, alors employé à la Compagnie générale des asphaltes à Paris, je fus délégué auprès du directeur des mines d'Auvergne pour certaines opérations de contrôle. Obligé d'examiner avec le plus grand soin tout ce qui concernait les divers gisements de cette province, j'ai conservé une impression encore très-exacte des produits de cette exploitation.

« J'affirme donc, sans crainte de démenti, que les grès bitumineux du canton de Genève sont sur certains points semblables à ceux d'Auvergne, présentant même une teneur en bitume supérieure.

« Dans la courte visite, contrariée par l'orage, que j'ai faite avec vous au Nant Punais, j'ai été vivement frappé de la similitude parfaite entre le grès bitumineux de cet endroit et celui de Chamalière, près de Clermont, l'un des meilleurs gisements de la Limagne. La position même du gisement de Nant Punais et la facilité d'exploitation sont un point de ressemblance de plus avec la couche de Chamalière.

« Nous n'avons pu, à cause du temps, explorer les concessions de M. Piguet; mais, d'après votre envoi de ses produits, j'ai pu constater que leur qualité est pareille aux bons gisements de Cœur et de Lussat.

« En conséquence, les grès bitumineux dont vous vous occupez peuvent servir aux mêmes usages que ceux d'Auvergne, soit pour la préparation du mastic, soit pour l'extraction du bitume, soit enfin pour le nouveau procédé d'emploi à l'état naturel, mélangé à froid avec du cailloutis.

« De plus, ils offrent par la distillation une certaine proportion d'huile utilisable industriellement et une teneur en bitume généralement plus forte que les produits d'Auvergne, de Seyssel et de tous les gisements actuellement exploités comme grès ou sable bitumineux.

« Je ne sais si mon opinion peut vous être bien utile ; toutefois elle pourra vous aider à faire des comparaisons avec les produits dont je parle, et je ne doute nullement que cet examen ne soit tout entier en votre faveur.

« J'ajouterais même, si je ne craignais de paraître exagéré, que comme praticien j'emploierais tout aussi bien vos grès pour l'application que les calcaires bitumineux, donnant même la préférence à ceux-là sous le rapport économique.

« Dès que j'aurai complété mes essais, je vous en ferai connaître le résultat. Dans cette attente, cher Monsieur, recevez mes meilleures salutations.

« *(Signé)* Antony REY,
« Ancien directeur des travaux de la Société des Asphaltes du Val-de-Travers. »

LETTRE DE M. JANIN-BOVY

adressée au *Journal de Genève :*

Genève, le 6 novembre 1876.

Monsieur le Rédacteur,

Vous n'ignorez pas que de tout temps le public, mais surtout le public étranger, s'est plaint de l'état des pavés de la ville de Genève. Les routes du canton, malgré les grosses dépenses que nécessite leur entretien, laissent encore beaucoup à désirer.

Il serait fort possible d'obtenir une sensible amélioration à cet état de choses, soit pour le pavé, soit pour les chaussées, par l'application du nouveau procédé de macadamisage bitumé employé dans la ville de Paris, au faubourg Poissonnière, et sur les routes nationales de France.

J'ai l'honneur de vous adresser la copie d'un article qui a paru le mois dernier dans le *Journal du Havre*, signalant à l'attention publique le nouveau procédé :

« Ce système est appelé à détrôner l'asphalte comprimé, dont nous sommes obligés
« d'acheter maintenant en grande partie les matériaux à l'étranger. Il a, en outre,
« l'avantage d'offrir plus de prise aux chevaux, qui glissent trop sur l'asphalte ; il
« étouffe de même le bruit et évite aux voitures les secousses du pavé.

« C'est la découverte des gisements bitumineux de la Limagne qui a permis d'in-
« venter le nouvel empierrement. Ces gisements sont situés presqu'à fleur du sol, en
« couches d'une épaisseur variant de $0^m,50$ à 8 mètres, sur toute l'étendue de la vaste
« plaine de l'Auvergne.

« Les Romains connaissaient ce gisement et en avaient commencé l'exploitation.

« Les bitumes de la Limagne se prêtent à tous les emplois. On a fait, tout der-
« nièrement, sur un tronçon de la route nationale de Clermont à Montferrand, un pre-
« mier essai de macadamisage bitumeux à froid, en présence des membres de l'Asso-
« ciation française pour l'avancement des sciences.

« L'Administration de la Ville s'est préoccupée des excellents résultats de ce pre-
« mier essai ; elle a décidé de faire répéter sur plusieurs points de Paris l'expérience
« des chaussées en macadam bitumé.

« Le résultat de ces essais n'étant pas douteux, on peut considérer cette circonstance
« comme l'aurore d'une nouvelle ère de prospérité pour les laborieuses populations
« de l'Auvergne, car c'est par centaines de millions que se chiffre la valeur de l'as-
« phalte qu'on en pourra tirer.

« Le sol des grandes galeries du Palais de l'Exposition sera empierré avec cet
« asphalte, qui peut être également employé au dallage des magasins et des ateliers. »

La lecture de cet article nous a suggéré les réflexions suivantes :

Il est de notoriété publique que les communes de Russin, Satigny et Dardagny, 3095 hectares, possèdent des gisements de grès bitumineux considérables.

Ces grès sont signalés par des experts comme tout à fait semblables aux produits des meilleurs gisements de l'Auvergne, et même plus riches en bitume.

Il serait donc extrêmement rationnel que des essais, analogues à ceux précités, fussent faits dans le canton de Genève, soit par le Département des Travaux publics, soit par l'Administration de la Ville.

Dans tous les cas, une exploitation de ce genre utiliserait un capital considérable actuellement mort, et rendrait un service signalé à bien des industriels et des ouvriers.

Cette étude, qui ne peut être onéreuse, si elle réussit, comme tout le fait croire, rendrait un service bien précieux dans le moment actuel.

Agréez, etc.

Signé : F. JANIN-BOVY,

Ingénieur, ancien Conseiller d'État chargé du Département des Travaux publics.

RAPPORT

DE

M. H. PITORRE, ingénieur des Mines, à Paris.

M. H. PITORRE, ingénieur des Mines, à Paris.

L'étage *myocène* est représenté, en Suisse, par un grès calcaire généralement peu agrégé, qui porte le nom de *molasse suisse*, et qui se présente, dans le plus grand nombre des cas, à la surface du sol. Il occupe souvent de grandes étendues de terrain, et cela dans plusieurs cantons qui ne sont point toujours contigus ; d'où il résulte que la formation est partout de la même époque, mais que le dépôt s'est produit dans des bassins différents. Il est souvent accompagné d'un poudingue quartzeux, dont on observe parfois des strates d'une puissance de plusieurs mètres. Ce poudingue est connu sous le nom allemand de *Nagelfluhe*. Le grès est employé soit comme pierre de construction (pierre de taille ou moëllon), soit comme pierre à paver.

Dans le canton de Genève, aux environs de la station de la Plaine, sur la ligne de la voie ferrée de Genève à Lyon et à Paris, le grès présente le caractère particulier d'être imprégné de bitume. Ayant visité ce gisement sur divers points où il y a, par suite des érosions qu'a subies la surface du sol, des tranchées ouvertes, et, conséquemment, des coupes de terrain favorables à l'étude, comme il s'en trouve, en général, dans les vallées qui sont parcourues par des torrents, nous avons pu y faire les observations suivantes, savoir : Ce grès est à grains fins, uniforme, sans mélange de cailloux roulés, ni isolés, ni réunis. Il n'y a pas, en conséquence, dans la partie qui est connue, soit en surface, soit en profondeur, la plus petite trace de poudingue. Ce grès, quoique bitumineux, est mal agrégé et molasse. Il est à ciment calcaire. Il n'est recouvert par aucun terrain régulier qui soit d'un âge plus récent que le dépôt qui l'a formé. Seul, le diluvium, un diluvium caillouteux, lui est superposé sur certains points où il est à proximité de torrents ; sauf cette exception, il n'est recouvert que par la terre végétale. Son inclinaison est faible, et il ne paraît pas avoir éprouvé l'action des soulèvements. Nous ne consignons cette observation qu'en vue du gisement de molasse que nous avons parcouru aux environs de Genève, attendu qu'ailleurs il en serait autrement, et le Righi seul nous donnerait, à cet égard, un démenti formel. Si, malgré notre assertion, et par suite d'observations plus suivies que celles qu'il nous a été loisible de faire, il était reconnu qu'il y a eu des soulèvements de molasse aux environs de Genève, nous ne mettons point en doute que cette action n'ait été lente et sans secousses violentes, attendu que nous n'avons observé nulle part des dislocations ni des redressements importants. Néanmoins, cette formation a subi des érosions et des dénudations sur certaines parties de sa surface, et la configuration de la contrée, dont elle forme le relief, ne laisse pas que de présenter des plans inclinés, des accidents de terrain et des élévations plus ou moins accusées.

du terrain. —
ctères du mas-
tumineux.

Nous allons donner une coupe de ce terrain prise à partir de la surface du sol. C'est d'abord une couche de grès un peu marneuse et mal agrégée, qui se décompose par l'action des agents atmosphériques. Au-dessous de cette couche, il s'en trouve une deuxième qui est formée par un grès plus quartzeux que le précédent, et qui est plus solide que celui de la couche superficielle. Il présente parfois des fissures de retrait qui sont imprégnées d'un enduit bitumineux. On observe ensuite un autre strate dont la composition se rapproche de celle de la première couche : il est sans bitume et s'altère facilement à l'air. Au-dessous de ces trois couches, dont la puissance collective est d'environ un mètre, on trouve un massif de grès bitumineux dont nous avons pu observer une coupe d'environ six mètres au-dessus du thalweg. La puissance en est inconnue. Ce grès bitumineux offre sur ce point, ainsi que sur les autres sites où nous l'avons examiné, un grain fin et un faible degré de cohésion. Il ne présente point de strates proprement dits, mais un massif unique. Néanmoins on observe, sur la surface de la coupe, et parallèlement à la direction suivant laquelle le dépôt s'est effectué, des fissures plus ou moins accusées, qui n'ont aucune régularité, et qui, n'étant point parallèles, se rencontrent les unes les autres, ou qui sont brusquement interrompues. La masse entière paraît être constituée par de grandes lentilles qui ne sont nullement régulières et qui s'enchevêtrent. Elles sont parfois séparées entre elles par des parties de grès de couleur verdâtre et de peu d'épaisseur, et qui n'ont, par conséquent, reçu aucune pénétration de bitume. Outre cela, quelques portions du dépôt sont plus ou moins solides, tandis que d'autres sont plus ou moins molasses.

L'imprégnation de la roche par le bitume est très-irrégulière, ce qui fait varier nécessairement son degré de cohésion, ainsi que sa nuance. Cette nuance passe du noir au noir brunâtre et au brun plus ou moins clair, suivant la proportion du bitume dont la roche a été pénétrée. Ainsi, il y a irrégularité et, pour ainsi dire, ondulation dans la forme du dépôt, et irrégularité dans le degré d'imprégnation de la molasse, même sur des espaces très-circonscrits. Toutes ces observations ont été faites en tenant compte des influences qu'a pu exercer, sur l'état de la roche, l'action des agents extérieurs, dont l'effet ne se produit que jusqu'à une faible profondeur, quelle que soit la puissance de la plus grande intensité du froid et la force de la plus grande élévation de la chaleur. Cet état de choses se trouvera-t-il identique, lorsque, les travaux d'exploitation ayant pénétré, à un certain niveau, dans la profondeur du gisement, on pourra connaître la solution de cette question problématique? Nous pensons qu'il y aura, le cas échéant, plus d'uniformité dans la richesse en bitume qu'à la superficie. Toutefois, nous sommes d'avis que le résultat de nos observations doit être généralisé, et que, sur toute l'étendue du gisement, dans les régions voisines de sa superficie, les caractères que nous avons reconnus resteront les mêmes.

Cette irrégularité de richesse en bitume doit-elle mettre obstacle à l'exploitation? Notre réponse, à cet égard, est absolument négative. Néanmoins, il est évident que le *tout venant* exploité aura une moyenne de rendement moindre, et que le prix de revient en sera plus élevé que si tout le massif se trouvait uniformément imprégné et d'une richesse passablement élevée. En effet, dans le cas qui se présente, il y aura des non-valeurs exploitées qu'il faudra éliminer. Les autres produits, d'une teneur très-variable, devront être cassés, triés et divisés en catégories diverses, ce qui en élèvera encore le prix de revient.

Nous sommes entrés dans les détails qui précèdent afin de faire bien connaître les caractères essentiels de ce grès, puisque c'est sur sa richesse en bitume présumée, et non sérieusement établie comme moyenne de rendement, que repose l'avenir d'une opération industrielle qui est sur le point d'être fondée. En effet, trois analyses de ce bitume ont été exécutées par des hommes éminents, dont deux à Paris et une à Genève. Ces savants ont reconnu que 100 parties de molasse bitumineuse contiennent 8 $^1/_4$ parties de bitume et d'eau, dont il a été extrait 1 partie de goudron, 3,9 parties d'huile et 1,60 parties d'eau. Peut-on établir, sur ce résultat des analyses, un chiffre de rendement moyen sur lequel on puisse baser un calcul de bénéfices (1)? Nous pensons que cela ne se peut pas. Il est rationnellement impossible d'établir une moyenne de rendement certaine d'après le résultat qui a été fourni par trois analyses de la molasse bitumineuse. Lorsque l'on prend, dans un filon, un fragment de minerai, que le minerai est vraiment uniforme de composition dans tout le gisement et qu'il contient partout la même quantité de gangue, on peut tirer, sans crainte d'erreur, des inductions au sujet du résultat de l'analyse qui en est faite. Mais quel est le minerai qui soit identique de composition dans toute l'étendue d'un filon et qui contienne la même quantité de gangue? La première de ces deux données peut se présenter quelquefois, mais il est bien rare de pouvoir constater l'existence de la seconde; c'est pourquoi, autant il y a d'analyses faites, autant il y a de rendements différents. Au sujet des analyses des combustibles, des houilles, des lignites, quoique la matière en paraisse devoir être beaucoup plus similaire que celle des minerais, il y a des couches qui sont plus terreuses que leurs congénères et où l'argile bitumineuse est intimement mélangée avec le combustible. Il est d'autres couches où les strates de l'argile sont plus nombreux et plus fins, sous une puissance donnée, que dans les supérieures ou que dans les inférieures; quelquefois certaines couches sont fortement terreuses. Enfin, il y a parfois une couche très-grasse superposée à une couche presque maigre. Or, la première observation, comme aussi la plus importante, que nous ayons consignée dans notre travail, c'est que la molasse de Dardagny et autres lieux présente une grande variation de richesse en bitume, même en constatant le fait sur un espace extrêmement restreint, c'est-à-dire sur un mètre superficiel. Et l'on voudrait baser la richesse moyenne de la molasse sur des analyses qui ont été faites, il est vrai, par des hommes méritant toute confiance, mais qui n'ont été exécutées que sur un seul échantillon, qui était riche, moyennement riche, ou pauvre, en ne prenant que trois termes de

(1) Des analyses toutes récentes (voir page 27) ont indiqué des proportions beaucoup plus considérables.

comparaison, lorsqu'on peut facilement en établir plus de dix ? Nous pensons, en conséquence, et cela d'après l'inspection du terrain, où l'on rencontre fréquemment des molasses richement imprégnées, que la richesse moyenne ne peut être établie que sur l'analyse d'une série d'échantillons assortis ; encore n'aura-t-on ainsi que la richesse moyenne des échantillons essayés, ainsi que celle des blocs qui leur correspondaient, et non celle du terrain, qui restera véritablement inconnue et qui ne pourra, en réalité, être exactement établie que d'après les résultats fournis par l'exploitation. Cette moyenne pourra, du reste, varier suivant la profondeur que l'on atteindra dans le gisement.

Quoi qu'il en soit de cette question, que la pratique seule pourra résoudre dans l'avenir, toute la partie superficielle du terrain sur lequel la molasse se présente imprégnée de bitume, a été demandée en concession ; et comme le périmètre de cette surface offre une assez vaste étendue, il a été divisé en deux concessions. Ce périmètre a pour limites les points suivants, qui sont considérés comme circonscrivant toute la partie superficielle de la molasse imprégnée de bitume, et cela néanmoins sans préjudice de ce que pourront, en réalité, déterminer, soit en plus, soit en moins, des études pratiques ultérieures qui, exécutées avec une précision rigoureuse, retréciront ou agrandiront cette étendue en lui assignant des limites fixes. Voici quelles sont ces principales limites, et conséquemment voici le périmètre qui a été demandé en concession. C'est un cercle irrégulier circonscrit par le territoire du village de Malval, par celui de Choully, par celui de Satigny, par celui de Peney et par le Rhône, puis par le village de Challex et par la Tuilerie. Dans ce cercle irrégulier se trouvent compris : le village de la Plaine, tout entier ; une partie du cours du torrent de la London, le village de Dardagny et une partie du ruisseau de Roulavaz, sur les deux rives duquel se présentent les coupes de terrain les plus favorables à l'étude. Ce périmètre offre un champ d'exploitation très-considérable, tant en superficie qu'en profondeur. Nous nous empressons de produire la justification du dernier terme de notre proposition, c'est-à-dire du fait que nous venons d'avancer relativement à la puissance du gisement. En premier lieu, nous n'avons pas à apprécier, dans le cas actuel, le degré d'importance d'un filon, celui d'un banc ou celui d'un amas, mais bien celui d'un grand lambeau d'une formation entière. Or, comme la superficie bitumée est considérable, la puissance du gisement ne peut manquer d'être en rapport de valeur avec cette étendue. Voici, au reste, un fait qui vient à l'appui de notre opinion : Il y a environ 50 ans qu'a été foncé, sur un point de la surface bitumée, un puits de recherches dans le but d'atteindre un gisement de lignite. Ce puits a été poussé jusqu'à une profondeur de 36 mètres en contrebas du sol, et il a été foré entièrement dans la molasse bitumineuse. C'est un travail de reconnaissance peu développé en profondeur quant à la détermination de la puissance de ce gisement; mais il a encore une certaine valeur. Il aurait acquis une portée beaucoup plus grande si l'on en eût conservé la coupe et si l'on eût étudié l'état sous lequel se présentait la matière extraite à différents niveaux. Si nous établissions le cube du périmètre du grès bitumineux tel que nous l'avons donné précédemment en multipliant la surface du cercle par 36 mètres de profondeur, nous obtiendrions un beau chiffre; mais ce n'est point à cette somme que se bornera la quantité de matière qui pourra être extraite de ce gisement.

Le défaut d'uniformité de richesse en bitume obligera la Compagnie d'exploitation à faire trier la molasse extraite et à la diviser en lots qui auront entre eux des teneurs différentes, ce que nous avons déjà exposé. On fera un lot, soit d'une teneur déterminée, soit d'une teneur moyenne, qui sera destiné à être employé comme combustible. On fera un lot du même genre, mais d'une moyenne de rendement différente, qui sera destiné à être soumis à l'action de la chaleur, dans des chaudières remplies d'eau, afin d'en séparer le bitume, qui, en vertu de son moindre poids spécifique, se réunira à la surface du liquide. Les lots les plus riches en bitume, d'une moyenne de rendement approximative, seront réservés à l'état brut, pour la vente directe à l'industrie.

La dissolution du bitume dans l'eau contenue dans les chaudières n'exigera pas un très-haut degré de calorique, attendu que ce combustible se liquéfie à une température peu élevée. La chaleur seule de l'été suffit pour isoler le bitume à la surface du sol; et, lorsque les circonstances sont favorables, c'est-à-dire lorsqu'il se trouve de l'eau dormante dans un espace creux et de petit diamètre, on est assuré qu'il y a du bitume en dissolution. Pendant le cours de notre visite, qui a eu lieu à la fin de septembre, nous avons rencontré, sur la molasse, plusieurs petites mares d'eau dont la surface était recouverte de bitume liquide. C'est cette facilité de liquéfaction du bitume, à l'aide d'une température peu élevée, qui permettra d'appliquer, comme combustible, une partie de la molasse qui sera extraite du gisement, à l'alimentation du foyer des chaudières dans lesquelles s'opérera la séparation du bitume de sa gangue. Elle servira aussi à faire la distillation de ce premier produit pour en obtenir du pétrole, des huiles minérales et enfin du goudron, qui sera le dernier résidu.

Si, comme nous le pensons, l'observation que nous avons consignée dans notre travail au sujet de l'irrégularité de l'imprégnation du grès bitumineux, doit être généralisée, c'est-à-dire appliquée à toute la superficie du gisement jusqu'à une certaine profondeur, il en résulte qu'il devient indifférent d'établir les chantiers d'exploitation sur un point ou sur un autre de la surface bitumée. Dans ce cas, la Compagnie d'exploitation doit, abstraction faite de toute autre considération, pratiquer des tranchées ouvertes et foncer des galeries sur les points qui sont le plus favorables au but qu'elle veut atteindre. Ce but a un double objectif qui concourt à un résultat unique, et ce résultat cherché, c'est l'économie de la production. Ce double objectif se traduit de la manière suivante : 1° Il doit consister à entreprendre les travaux d'exploitation le plus près possible de la station de la Plaine, afin d'économiser, en les rendant nuls ou extrêmement minimes, les frais de transport du grès bitumineux entre la mine et la station. 2° On doit faire l'attaque au-dessus et près du niveau du bas fond des vallées, et sur un point qui permette d'avoir devant soi un vaste champ à exploiter, tant en surface horizontale et transversale qu'en hauteur. On exploitera à ciel ouvert, en adoptant, comme direction du travail pratique de l'exploitation, le mode des gradins droits, et en ayant soin de ménager toujours sur le terrain un espace convenable pour l'exécution d'une voie ferrée à petite section, par la pente naturelle qui aura été ménagée, de laquelle les wagons chargés descendront soit jusqu'à l'usine, soit jusqu'à la station ; en même temps les wagons vides remonteront aux chantiers. On pourrait user d'un moyen plus économique que le précédent : ce serait celui de l'emploi des fils de fer ; mais, si la Compagnie peut disposer d'un capital important, elle doit préférer une bonne installation et donner la préférence au premier système. Par l'un ou par l'autre de ces moyens, le trajet entre les chantiers des travaux et la station s'effectuera avec promptitude et économie, puisque, d'ailleurs, les points qui seront reliés entre eux seront peu distants les uns des autres. Outre cela, les chantiers d'exploitation devront toujours être aménagés en pente douce, ce qui les mettra à l'abri de toute invasion des eaux. Enfin, on devra ouvrir des galeries à proximité des chantiers découverts, afin de permettre aux ouvriers de travailler pendant la saison pluvieuse. Si l'on exécute ce plan dans son ensemble, les chantiers des travaux seront toujours asséchés et l'on ne sera jamais dans la nécessité d'avoir recours à des machines d'épuisement.

Lorsqu'on aura enlevé tout un coteau jusqu'au plus bas niveau de la vallée, on pourra continuer les travaux sur le même chantier. On pourra y exploiter à ciel ouvert, y foncer des puits, y pratiquer des galeries; on sera surtout induit à en agir ainsi dans le cas, probable, où la richesse de la molasse se sera un peu uniformisée à ce niveau. Toutefois, si, après des travaux d'une certaine durée, on venait à être par trop incommodé par les eaux, on pourrait, si la valeur des terrains dans les environs permettait d'en faire l'acquisition à des conditions modérées, prendre le parti d'en englober un lot qui se présenterait dans les mêmes conditions que le premier, et l'on procèderait à son exploitation comme il aurait été fait la première fois.

S'il n'y avait point possibilité de s'établir à côté de la station, on devrait, tout au moins, se fixer à proximité de la voie ferrée, avec laquelle on pourrait, au moyen d'un remblai et de la pose de quelques rails, faire raccorder un tronçon de voie sur laquelle on ferait circuler des wagons chargés de grès bitumineux, ainsi que d'autres produits. Par ce changement de chantier, la difficulté et le haut prix des épuisements ne seraient point vaincus, mais ils seraient complétement tournés. Le cas échéant, on devra ici encore supprimer ou au moins amoindrir, le plus qu'il sera possible, les frais de traction en employant des wagons qui rouleront sur des plans inclinés munis de rails. Il en sera de même au sujet des chargements et des déchargements, qui devront être effectués très-promptement et sans presque faire usage de la main-d'œuvre. L'exploitation proprement dite aura aussi à subir les mêmes règles qui ont été prescrites précédemment au sujet de la méthode à suivre dans les chantiers d'abattage; enfin, la construction de la nouvelle usine, à proximité des nouveaux chantiers, sera assujettie aux mêmes conditions qui ont été fixées pour la première, dont on emploiera le plus grand nombre des matériaux de construction. De plus, la disposition intérieure sera la même et les appareils de réduction seront soumis aux mêmes agencements qu'affectaient les premiers.

Avant d'acquérir une surface de terrain, comme avant d'ouvrir un chantier quelconque, dans le présent comme dans l'avenir, on devra toujours, par mesure de précaution, pratiquer, au préalable, une tranchée dans le terrain, ou bien foncer un puits à petite section, afin de s'assurer de l'état du sous-sol et de reconnaître s'il se présente dans des conditions de richesse en bitume telles que l'on puisse y entreprendre des travaux qui promettent d'être fructueux.

Nous n'avons fait qu'indiquer, dans un précédent paragraphe, l'emploi principal que l'on devait faire du bitume obtenu du traitement de la molasse par l'eau chaude ; nous en avons conseillé la distillation en vases clos, afin d'en extraire le pétrole et les huiles minérales. Nous insistons de nouveau pour que ce genre de travail soit mis à exécution, et cela sur la plus grande échelle. C'est par la distillation d'un bitume noir et *épais*, le *malthe*, dont il y a de nombreuses sources dans la Pennsylvanie, et dont on recueille des quantités énormes, que l'on obtient le pétrole et les huiles minérales que l'Amérique du Nord a déversés la première sur l'Europe, et qu'elle lui prodigue encore. Si l'on peut fabriquer, en Suisse, des produits similaires à ceux qui y sont importés (et cela ne présente pas l'ombre d'un doute), c'est un tribut de moins que ce pays paiera à l'étranger, et de plus il deviendra lui-même exportateur de ce produit ; c'est d'ailleurs le parti le plus fructueux que l'on puisse tirer du bitume qui sera extrait de la molasse.

Quant au grès bitumineux qui sera le plus riche en bitume, il sera avantageux, pour la Compagnie qui se constituera pour la culture du gisement dont il est question, de ne le livrer au commerce que sous une teneur déterminée. De plus, elle devra, préalablement à toute vente de ce produit, faire des essais pratiques en mélangeant ce grès, dans les proportions que l'expérience indiquera comme les meilleures, avec du calcaire pulvérisé ou de la craie en poudre employés seuls ou mélangés d'argile, dont on devra aussi varier les proportions en pratiquant les essais. Par des tentatives réitérées on parviendra à obtenir des ciments solides et durables, qui opposeront une longue résistance aux agents destructeurs. Ces ciments pourraient être employés avec avantage dans les travaux de fondation des maisons, soit comme bétons, soit comme ciments proprement dits; ils seraient applicables à la construction des caves, ce qui en rendrait les voûtes inattaquables par l'humidité et leur donnerait une solidité à toute épreuve. Ils seraient également très-bons pour la construction des ponts, et notamment pour celle des égouts, pour celle des citernes, ainsi que dans tous les cas où ils seraient préservés d'un froid et d'une chaleur extrèmes. En indiquant au consommateur le mode d'emploi de la matière, suivant les besoins pour la satisfaction desquels il voudra en faire l'application, on ouvrira au produit naturel un débouché qu'il ne saurait avoir sans ces essais préalables. Ces essais ont, en conséquence, pour la Compagnie une telle portée qu'elle ne pourra se dispenser de les exécuter. Dans bien des cas, d'ailleurs, elle aura ou elle pourra avoir l'entreprise de l'application de ces ciments, soit pour l'exécution de travaux particuliers, soit pour celle de travaux d'utilité publique. Lorsque les expériences voulues à ce sujet auront été faites et qu'elles auront atteint le but recherché, c'est-à-dire la solidité du ciment à toute épreuve, on devra encore faire des essais comparatifs entre les ciments qui auront été obtenus et ceux qui sont actuellement connus et passent pour les meilleurs, surtout dans les constructions exécutées sous l'eau, tels que le ciment dit *Romain*, ainsi que les pouzzolanes, quels que soient, d'ailleurs, les usages divers auxquels on les applique, afin de bien apprécier leur excellence générale et de bien déterminer leur supériorité spéciale pour tel ou tel besoin, suivant les espèces qu'on aura réussi à préparer.

Plâtre-ciment inventé par les Anglais.

En Angleterre, le ciment qui est actuellement considéré comme le plus solide et qui est le plus employé dans les constructions, est préparé avec un plâtre obtenu d'un gypse très-pur et que l'on mélange, en certaine proportion, avec du calcaire pulvérisé. Il porte le nom de *plâtre-ciment*. C'est le gypse de Montmartre qui a donné la première idée des essais qui ont été faits à ce sujet. Ce gypse est, en effet, calcarifère, et, par suite de cette composition, il jouit d'une supériorité marquée sur les gypses de toute autre provenance. Il a une prise très-forte et résiste indéfiniment à l'humidité. C'est ce fait qui a suggéré l'idée fécondée par les Anglais.

Le grès bitumineux se prête mieux que le calcaire imprégné de bitume à la séparation de ce combustible par l'action de la chaleur, en prenant l'eau pour excipient. On peut l'en extraire en le cassant seulement en petits fragments ou en l'écrasant, tandis qu'il faudrait que le calcaire fût pulvérisé.

plication d'une machine apte à forer des rainures dans la molasse pour remplacer la plus grande partie du travail des ouvriers.

Nous n'avons point encore établi le prix de revient de l'exploitation. Il sera peu élevé, surtout à cause de l'irrégularité de richesse que présente la molasse, ce qui lui ôtera une partie de sa ténacité. Quelque importance que puissent avoir des chiffres à l'occasion d'un sujet de cette nature, nous ne fixerons ce prix de revient que d'une manière relative, espérant pouvoir le faire descendre à un taux extrêmement bas. En conseillant d'établir l'exploitation près de la station, ainsi qu'au dessus du niveau des vallées, en prenant les coteaux à revers et de bas en haut, et l'abattage à ciel ouvert par gradins droits, nous avons déjà beaucoup amoindri le prix de revient; mais ce n'est point là le motif le plus important qui nous a fait adopter ce mode de travail. Il en est un autre qui, s'il est appliqué et qu'il produise les résultats que nous en attendons, devra réduire les frais d'extraction à leur plus simple expression. Ce mode nouveau, c'est l'emploi d'une machine qui fore facilement des tranchées dans les matières qui ont peu de cohésion et qui sont homogènes. Cette machine, qui sera certainement cédée à la Compagnie par l'inventeur, pourra abattre, dans un délai donné, cinq ou six fois autant de matière qu'en pourrait produire un ouvrier dans le même laps de temps. On peut la faire marcher au moyen d'une manivelle, par l'action d'un seul homme; mais comme le combustible, c'est-à-dire le grès bitumineux qui en tiendra lieu, est sur place et d'un prix de revient extrêmement infime, il y aura tout avantage à employer, comme force motrice, une locomobile. Dans ce cas, nous croyons pouvoir garantir que la machine exécutera autant de travail que celui que pourraient produire dix ouvriers dans un délai déterminé.

Au reste, en admettant même que l'application de cette machine à l'extraction de la molasse ne fût pas possible (par suite de l'empâtement causé par le bitume), l'exploitation directe, opérée par ouvriers, ne laissera pas que d'être très-rémunératrice, quoiqu'elle ne puisse être comparée au degré d'extrême bas prix de revient qui résulterait du travail de la machine. Nous pensons qu'un ouvrier mineur pourra abattre, dans sa journée, environ quatre mètres cubes de molasse. Dans ce cas, si nous admettons seulement le rendement en bitume qui a été obtenu par les analyses, que nous ne considérons point comme pouvant être une moyenne certaine, nous aurons un chiffre de bénéfice important.

Outre les motifs d'abstention dans la fixation du rendement moyen en bitume, ainsi que dans celle du calcul de bénéfice dont nous avons exposé la justification, il en est d'autres qui sont puisés à une source différente et qui mettent obstacle à la solution du problème. Nous ignorons en effet quelle décision pourra prendre l'administration de la Compagnie relativement au choix des lots de molasse qui seront soumis au traitement en vases clos. Il est probable que, dans le principe, on traitera tout le produit obtenu, sauf le lot qui sera réservé comme combustible, jusqu'à ce que l'on ait établi, par des essais, les proportions fixes de calcaire qu'il faudra ajouter à telle ou à telle autre catégorie de molasse pour la rendre propre à la construction, soit des trottoirs, soit des chaussées bitumées, etc.

Les économies les plus sévères doivent être faites sur toutes les branches du travail. Nous avons exposé combien il est important de faire des économies sur le temps des ouvriers ainsi que sur les moyens de transport des produits. Nous allons présenter des prescriptions identiques au sujet des appareils dans lesquels la molasse doit être traitée, au sujet des chargements et des déchargements de la matière, ainsi que de son transport. Le chargement de la molasse, soit concassée, soit écrasée, suivant la saison, devra être effectué au moyen d'un plan incliné ou d'un canal quadrangulaire incliné, en tôle ou en fonte, ce qui permettra à la matière de descendre d'elle-même sans recevoir d'impulsion. L'ouverture de la chaudière sera, au besoin, munie d'une trémie métallique. Les wagons, chargés de molasse, seront vidés sur une plateforme, au moyen d'une trappe pratiquée à la partie inférieure des wagons et qui sera fermée par une porte à coulisse; ils arriveront par la voie ferrée inclinée partant de la mine pour se rendre à l'usine, sans avoir à subir aucune traction. Les chaudières destinées à l'extraction du bitume, de même que celles qui serviront à sa purification, devront, en lui enlevant les huiles légères pour les séparer du goudron, être munies de couvercles mobiles reposant sur de fortes charnières. Quant au déchargement des résidus, dans l'un comme dans l'autre cas, il devra être effectué au moyen d'une porte mobile dont la partie inférieure descendra jusqu'au niveau du plan inférieur de la chaudière. Une porte à coulisse remplira ce but dans les appareils destinés à traiter la molasse. Par ce moyen la chaudière sera déchargée en un instant; l'ouvrier attirant à lui le résidu au moyen d'un râble, le fera couler dans un canal incliné, d'où il se rendra dans un wagon entraîné hors de l'usine par une petite voie ferrée. Les produits utiles seront transportés soit en magasin, soit dans les chaudières de distillation. Les produits de ces dernières seront enlevés à leur tour et dirigés soit vers les magasins, soit vers la station du chemin de fer, en usant pour toutes ces petites opérations des moyens de transport les plus économiques, c'est-à-dire des voies ferrées et des plans inclinés.

C'est en simplifiant ainsi tous les appareils et toutes les opérations, et en diminuant, autant qu'il est possible, l'emploi du levier humain dans l'exécution du plus grand nombre des travaux; c'est en se servant d'une force naturelle, de la pesanteur, et en l'appliquant jusqu'aux plus minutieux détails du travail par l'entremise d'une machine simple, le plan incliné, que l'on obtiendra des produits à des prix très-bas, un petit nombre d'ouvriers suffisant à la marche des appareils.

ntages qu'il y aura employer la moasse bitumineuse omme combustible.

Il est très-important que la société utilise le grès bitumineux comme combustible, soit pour l'alimentation des foyers sur lesquels fonctionneront les appareils, soit pour l'entretien du foyer de la locomobile, si l'emploi en est décidé, dût-on même établir des foyers spéciaux à courant d'air forcé; dût-on être dans l'obligation d'appliquer à cet usage le grès bitumineux le plus riche de tout le gisement. Il y aura, dans ce cas, pour la Compagnie, plus de bénéfice à utiliser ses propres produits qu'à faire venir de la houille, dont elle aurait à supporter les prix d'acquisition, d'entrée et de transport.

posé des motifs pour lesquels il y aura tout avantage à ne faire qu'une seule Société d'exploitation pour cultiver tout le périmètre bitumineux qui a été concédé et qui a été divisé en deux propriétés.

Nous ne doutons point que, pour mettre en valeur un gisement bitumineux aussi important en surface et en profondeur que l'est celui dont nous avons fait connaître le périmètre, il ne soit constitué une société à un capital élevé. Au sujet des deux concessions qui ont été accordées sur le périmètre que nous avons fixé, nous pensons qu'il y aurait avantage de n'en faire qu'une, c'est-à-dire que les deux titulaires confondissent leurs intérêts et qu'il ne fût fait qu'une seule société, quitte, en cela, d'appeler un capital plus élevé que celui qui serait demandé pour la moitié du périmètre et d'exploiter ainsi sur une plus grande échelle que celle qui aurait pu être établie par chacun des concessionnaires. On aurait ses coudées plus franches pour choisir les emplacements à exploiter; on pourrait ainsi réaliser ce que nous avons proposé comme étant possible, c'est-à-dire l'exploitation jusqu'aux plus bas niveaux des vallées en faisant disparaître des coteaux entiers, et, après cela, si les circonstances d'exploitation n'étaient point favorables, aller attaquer ailleurs le massif bitumineux. En agissant ainsi d'ailleurs, on ne se fera pas concurrence pour le placement des produits.

Si notre vœu se réalisait, si les deux concessionnaires fusionnaient leurs intérêts, on établirait tous les services sur un grand pied, surtout après avoir pu apprécier l'importance des résultats par suite des expériences pratiques qui auraient été faites en grand, ce qui a manqué, jusqu'à ce jour, à cette affaire. Nous faisons seulement nos réserves au sujet des dépenses de premier établissement, notamment au sujet des constructions, qui ne doivent absorber qu'une faible fraction du capital. Des hangars solidement construits sur des massifs en maçonnerie d'une faible élévation au-dessus du sol doivent suffire pour abriter les chaudières de réduction ainsi que les appareils de distillation.

Tout en donnant le conseil de ménager les fonds de la Société au sujet de leur emploi dans les constructions, nous sommes d'avis que l'on y dépense le nécessaire ; mais c'est surtout dans l'agencement détaillé, en vue de l'économie de la main-d'œuvre, qu'on doit être prodigue, ainsi que dans l'excellence de tous les appareils. Au sujet des eaux souterraines, nous ne les redoutons point ; nous savons qu'on peut les dompter, quelle qu'en soit la quantité, et nous tenons compte surtout du bas prix du combustible pour alimenter les foyers des machines d'épuisement ; nous tenons compte aussi de la probabilité d'une richesse bitumineuse plus grande dans la profondeur qu'à la surface, tous motifs qui détermineraient à continuer l'exploitation au-dessous des niveaux. Si l'on changeait de chantier, il faudrait tenir compte des frais des nouveaux agencements et de ceux des nouvelles constructions à établir sur l'emplacement qui aurait été choisi ; à quoi il faudrait ajouter encore le prix d'achat des nouveaux terrains. C'est, au reste, l'avenir seul qui pourra décider cette question, laquelle d'ailleurs, dans ce moment, n'a qu'un intérêt secondaire.

Résumé. — Conclusion.

D'après l'exposé qui précède, l'exploitation du gisement bitumineux de la Plaine, de Dardagny, de Russin, de Satigny et autres lieux, malgré l'irrégularité de la richesse en bitume que la roche présente, mérite d'être entreprise, et offre toutes les chances les plus favorables de réussite. Nous avons développé les motifs qui servent de fondement à notre opinion. Ces motifs sont tirés de l'importance reconnue, en surface, à la molasse bitumineuse, importance qui ne saurait exister sans comporter une puissance d'une certaine valeur, et que nous estimons, par induction, comme devant atteindre jusqu'aux limites inférieures du gisement, attendu que, dans nos idées théoriques, déduites de l'observation des faits, c'est toujours d'en bas qu'est venue la source thermale chargée de bitume imprégnant, et que c'est de bas en haut que l'imprégnation s'est produite, que cet acte soit contemporain ou postérieur au dépôt du grès. Il a d'ailleurs été constaté, par un puits de recherche, une puissance de 36 mètres à la molasse bitumineuse, et, si ce chiffre n'est pas plus élevé que cela, c'est que le foncement du puits s'est arrêté à cette limite. Outre ces motifs, il y a celui d'une grande richesse en bitume dans certaines parties du gisement.

Nous avons établi, par l'observation, que la molasse présentait une grande irrégularité de richesse en bitume, et nous avons généralisé ce fait en l'appliquant à tout le gisement. Cela étant admis, il devient indifférent d'attaquer le terrain sur un point quelconque de la surface bitumée. Nous avons fait valoir de quelle importance il était d'ouvrir les chantiers d'abattage à la plus grande proximité possible de la station du chemin de fer, afin d'annihiler ou de réduire à leur plus simple expression les frais de transport des produits. A cela nous avons ajouté qu'il était à propos d'acquérir une grande superficie de terrain; que ce terrain devait offrir un grand relief au-dessus du sol, et devait avoir, par conséquent, plusieurs versants; que l'attaque en serait faite sur la partie la plus déclive, en procédant de bas en haut, et en commençant les travaux sur le point le plus voisin de la station. Nous avons fait valoir que l'extraction de la matière première, à ciel ouvert et par gradins droits, était la méthode la plus économique; que le travail devait toujours être exécuté en ménageant une certaine inclinaison du terrain, laquelle devrait être continuée pendant toute la durée de l'exploitation, afin d'avoir toujours des chantiers parfaitement asséchés. Nous avons fait observer qu'en procédant ainsi, de bas en haut, après avoir commencé par la partie la plus déclive, on pourrait, pendant une longue durée, donner cours à toutes les eaux sans avoir besoin de les épuiser à l'aide de machines, en les laissant s'écouler par la pente du terrain. Nous avons préconisé l'emploi d'une machine propre à diviser la molasse en cubes dans le chantier même, en garantissant une production dix fois plus grande, dans un temps donné, que celle qu'on pourrait obtenir d'un ouvrier, surtout si l'on employait la vapeur comme force motrice, en ne laissant à l'homme que la fonction de détacher les cubes et de les diviser en fragments. Il est évident que l'action de cet agent réduira le prix de revient à un taux extrêmement minime, tout en produisant beaucoup. Nous avons également développé les motifs de l'importance qu'il y avait à multiplier les voies ferrées à petite section et posées sur des plans inclinés, pour le transport des produits de la mine à l'usine et de l'usine à la station de la voie ferrée. Nous avons recommandé de construire l'usine à proximité des chantiers d'abattage, de l'établir de la manière la plus économique, tout en lui donnant la solidité convenable, et d'adopter, pour cela, le mode des hangars, que l'on pourrait détruire pour les implanter ailleurs, si certaines circonstances venaient à l'exiger. Nous avons exposé qu'il y aurait avantage à continuer l'exploitation sur les premiers chantiers où l'on se serait fixé, après avoir enlevé tout le terrain jusqu'à la partie la plus déclive du bas fond de la vallée où l'on se serait établi, malgré le recours forcé à l'emploi des machines d'épuisement, si la moyenne de rendement en bitume s'était portée à un taux plus élevé que celui qui était établi dans le principe du travail, soit par suite d'une plus grande richesse dans les régions inférieures, ce que nous jugeons devoir être ainsi, soit par l'uniformisation de la richesse de la molasse dans ces régions. Ces circonstances, jointes au bas prix du combustible employé (le combustible étant la molasse bitumineuse) pour l'alimentation du foyer de la machine d'épuisement, militeraient fortement en faveur de la continuation des travaux, soit à ciel ouvert, soit par puits et par galeries, même au-dessous du niveau des vallées, même s'il y avait à élever une grande quantité d'eau ; les bénéfices obtenus d'un côté compensant amplement l'augmentation du prix de revient de l'autre. Nous avons, encore une fois, recommandé l'emploi de la molasse bitumineuse comme combustible pour la mise en action de toutes les machines, attendu qu'il y aura tout avantage et une grande économie à l'employer de préférence à la houille, ce qui réduira à néant le prix du transport et ne chargera la Compagnie que du prix de revient de la molasse. Les mêmes fourneaux serviront à mettre en activité tous les appareils, quel que soit le genre de travail auquel ils seront destinés: ici encore il y aura économie sur le prix du combustible, puisque l'on emploiera le grès bitumineux. Les mêmes ouvriers dirigeront le double travail de l'extraction et de la purification du bitume. Le chargement et le déchargement se feront de la manière la plus économique, ce qui consistera, pour la première opération, à faire passer le minerai par une trappe pratiquée au-dessus d'un plancher préparé *ad hoc*, ou par un conduit en métal dans lequel le minerai se rendra par un plan incliné ; et pour la deuxième, la chaudière sera déchargée par la partie antéro-inférieure, au moyen d'une ouverture qui serait fermée, pendant la durée du travail, par une plaque de métal entrant à coulisse et fermant hermétiquement.

La quotité du fonds de roulement de l'opération entière devra être en rapport avec l'importance et la durée du travail prises dans tout leur ensemble; il devra donc être proportionnel aux dépenses qu'il aura la mission d'acquitter, dans leur entier, pendant un laps de temps qui sera limité par la rentrée certaine des bénéfices provenant de la vente des produits livrés à terme. Cette durée, entre le jour de la livraison et celui du paiement, est d'ordinaire de 90 jours; mais il est de toute prudence de le porter à quatre et même à six mois. On doit donc élever le chiffre du fonds de roulement au taux qu'exigera une durée de travail de six mois, en admettant qu'il ne soit effectué aucune rentrée avant l'expiration de ce délai. Il sera bon d'établir aussi, quand le temps en sera venu, un fonds de réserve au moyen d'un prélèvement sur les bénéfices.

Il faudra aussi constituer un fonds de premier établissement pour couvrir les frais de l'achat du terrain à exploiter, dont la surface doit être importante, d'après ce que nous avons exposé; pour établir les constructions, pour l'acquisition des appareils de réduction et de distillation; pour les ustensiles de nature diverse qui seront nécessaires; pour l'acquisition des rails, de l'outillage, et enfin pour faire face aux frais de la main d'œuvre. L'opération devant être établie sur une grande échelle, nous pensons que le chiffre du capital nécessaire aux dépenses qui seront exigées pour représenter soit le fonds de roulement, soit les frais de premier établissement, ne devra pas être au-dessous de la somme de six cent mille francs (600,000 fr.).

N'ayant pu établir rationnellement un chiffre de rendement moyen en bitume, nous avons dû nous abstenir de présenter des calculs touchant la quotité de production qui pouvait être obtenue, dans un temps donné, non plus que la quotité du bénéfice net qui en serait résultée. Quoique la solution de ces deux questions soit le but final d'un rapport et celui que les lecteurs ont le plus grand désir de connaître, nous nous sommes abstenus de chercher à l'établir, parce que, en logique, lorsque les prémisses sont fausses, les conséquences doivent l'être nécessairement; aussi, en établissant des chiffres arbitraires comme base d'un calcul, le total qui en aurait été obtenu ne pourrait avoir aucun fondement de vérité.

Ce que nous avons tenu à bien fixer dans l'esprit du lecteur de ce travail et à corroborer par le raisonnement, c'est que le champ de l'exploitation est immense, tant en surface qu'en profondeur ; c'est que la matière première occupe partout la surface du sol (au-dessous du diluvium ou de la terre végétale) ; c'est que, même en la prenant à la surface, elle est assez riche pour donner un bénéfice rémunérateur ; et que si nos prescriptions sont rigoureusement suivies relativement au choix de l'emplacement des chantiers de travail, au mode d'exploitation, à l'emploi de la machine à tailler et à diviser en cubes la molasse bitumineuse, aux moyens de transport économique des produits à l'aide de rails posés sur des plans inclinés ; si, d'autre part, l'usine est construite à très-peu de frais et si une sage économie préside à tous les travaux de l'établissement, aucun doute ne pourra s'élever dans l'esprit de personne sur le succès de l'opération, quoique nous n'ayons point fait de calculs de bénéfices.

De tout ce dont nous avons fait l'exposé, de tous les moyens économiques dont nous venons de faire le dénombrement et qui devront être mis en pratique pour amoindrir les frais de toute nature qui incombent toujours à une entreprise industrielle, il résulte que le gisement bitumineux de Dardagny, de Russin, de Satigny et autres lieux circonvoisins, se présente dans les circonstances les plus favorables à tous les points de vue. Le rendement moyen en bitume, fût-il réduit au taux qui a été reconnu par les trois analyses que nous avons citées, c'est-à-dire au rendement de 5 0/0 à 5 1/2 de bitume par cent parties de matière en poids, fût-il même inférieur à ce taux, il y aurait encore un grand bénéfice à entreprendre ce travail ; à plus forte raison doit-il en être ainsi si la molasse a un rendement moyen plus élevé que celui que nous venons de citer.

Si, d'un autre côté, une sage économie préside à la distribution des fonds, d'après les besoins qui auront été déclarés d'utilité absolue ; si une surveillance incessante est exercée sur toutes les branches du travail, si la direction générale, et l'administration directe remplissent leur devoir avec conscience, si la direction technique donne une bonne impulsion aux travaux, l'entreprise ne pourra que prospérer. Elle donnera des résultats d'autant plus avantageux que la direction en sera meilleure. C'est ainsi que les prévisions de succès que nous avançons seront justifiées, et ces prévisions ne sont que les conséquences des déductions que nous avons tirées d'un examen de la localité consciencieusement exécuté.

Paris, ce 20 Novembre 1876.

H. Pitorre, Ingénieur,
N° 78, rue d'Anjou-Saint-Honoré.

LETTRE DE M. SCHMIDT
Pharmacien-Chimiste à Genève

On lit dans le *Journal de Genève* du 16 décembre 1876 :

Nous avons reçu de M. Alfred Schmidt, pharmacien, relativement à l'application des grès ou sables bitumineux, une lettre très-étendue, que nous sommes contraints d'abréger pour lui faire trouver place dans les colonnes de notre journal.

M. Schmidt, dans cette lettre, s'occupe de la question dont il s'agit à un autre point de vue que celui du dallage des voies publiques.

La *Grenzpost*, de Bâle, en a récemment parlé comme du *combustible le meilleur marché connu*, dans une communication contenant les indications suivantes :

« Composés d'argile, de calcaire et de substances organiques, les grès bitumineux ou schistes se rencontrent en abondance en certaines localités.

« Si l'on allume une grande quantité de morceaux de schiste ou grès bitumeux, les hydrocarbures produisent une flamme brillante avec dégagement de chaleur puissante ;

l'acide carbonique de la pierre calcaire, mêlé avec les matières organiques, est réduit en oxyde de carbone, et cela augmente encore la puissance calorifique de ce combustible.

« En outre, selon les analyses du professeur Hoppe-Seyler, les résidus du schiste brûlé contenant de la potasse, de la soude et de la silice à l'état soluble, peuvent être très-utilement employés en agriculture comme engrais pour les graminées et autres plantes. D'autre part, les fabriques de Mannheim, Heidelberg et Kuppenheim (Bade) font avec ces résidus, en y ajoutant ce qui leur manque, un excellent ciment qui se rapproche beaucoup dans sa valeur de celui de Portland.

« C'est à M. le professeur Dr Dorn, à Tubingen, que revient l'honneur d'avoir le premier introduit le schiste parmi les combustibles pour le chauffage.

« Ce résultat serait encore bien plus facilement atteint dans les contrées où la consommation du grès bitumineux pourrait s'effectuer en quelque sorte sur place et sans grands frais de transport. Ainsi, dans le canton d'Argovie, les salines de Kyburg et de Rheinfelden pourraient, en utilisant le *Liasschiefer* existant dans leur voisinage, réaliser une économie des deux tiers sur leur consommation de houille, et cette économie fût-elle seulement de moitié, il en résulterait encore un bénéfice net de 90,000 fr. par an entre ces deux établissements.

« A Reutlingen (Wurtemberg), M. le professeur Dr Dorn a créé une nouvelle machine à fabriquer le gaz provenant du grès bitumineux ; dans le même lieu, il existe une grande fabrique de tissage dont toutes les machines sont mues par la vapeur, et le chauffage des chaudières s'y opère *exclusivement par ce nouveau combustible.*

« Or, il est constant que ce chauffage ne produit ni suie ni fumée, ne donne aucune odeur, et qu'enfin la flamme n'en attaque pas les métaux.

« Sous tous ces rapports et indépendamment de la question d'économie, ce mode de chauffage est encore préférable à tous les autres.

« D'après les expériences de M. Dorn, le quintal de houille serait remplacé par 5 quintaux de schiste ou grès bitumineux lorsque le chauffage est continu, et par 7 à 8 quintaux lorsqu'il est interrompu la nuit.

« Le quintal de grès bitumineux sur place, lorsqu'il se trouve à fleur du sol, revient à environ six centimes, et si l'étendue et la profondeur de la couche permettent l'ouverture de galeries, le prix de ce combustible est encore moins élevé, parce qu'alors on peut occuper les ouvriers hiver et été, et parce que le grès bitumineux est toujours plus riche dans les profondeurs des mines qu'à fleur du sol.

« Or, il est reconnu que les communes de Russin, Dardagny et Satigny possèdent de vastes dépôts de grès bitumineux semblables à celui du canton d'Argovie. J'ai fait moi-même en 1874 des analyses sur des échantillons provenant de simples affleurements dans les communes de Satigny et Russin, et ces analyses ont donné : pour le schiste brun foncé 8,2 0/0 de matières organiques; — pour deux autres qualités 7,8 0/0 et 7,85 0/0; — pour une qualité grise 6 0/0. Il n'y a aucun doute que la richesse du bitume n'aille en s'augmentant dans la profondeur.

« J'estime donc que notre sol contient un trésor jusqu'ici méconnu, dont l'exploitation peut rendre un travail lucratif à nos ouvriers qui chôment, et procurer au pays le bienfait inestimable d'une baisse dans les prix toujours croissants du bois et de la houille, seuls combustibles employés jusqu'ici (1).

(Signé) Alfred SCHMIDT, pharmacien.

(1) Sauf expérimentation plus complète et sous réserve de l'exactitude des faits, nous estimons qu'en tous cas ils méritent de fixer au plus haut point l'attention.

Ant. REY.

RAPPORT DE M. A. REY

CONCLUSIONS

A la suite des documents qui précèdent, nous croyons devoir en faire ici le résumé succinct, et nous y ajouterons quelques données résultant de nos recherches personnelles.

Ce résumé peut se diviser en quatre parties, comme suit :

I. De la quantité du minerai ;

II. De sa qualité ;

III. De ses applications aux travaux publics et particuliers;

IV. De son emploi dans l'industrie et l'agriculture.

I

De la quantité.

Il est certainement impossible, dans l'état actuel de la question, d'évaluer la quantité du minerai bitumineux contenu dans le périmètre des concessions de Dardagny, Satigny, Russin, etc; * mais l'opinion des hommes spéciaux qui se sont occupés de cette question est concordante : ils admettent tous l'existence d'une quantité considérable de matière exploitable. Les nombreux affleurements connus, les quantités relativement

---

* *Nota.* — Voir à la fin de cette notice le plan des concessions teinté en rose.

très-fortes de bitume libre en suspension dans les eaux qui sillonnent cette contrée, indiquent surabondamment quelle quantité de minerai nous pouvons supposer dans ces gisements.

Les aperçus géologiques contenus dans cette notice appuient scientifiquement ces inductions sur la quantité présumée.

Nous ne répéterons pas ce que les auteurs, plus qualifiés que nous, des documents qui précèdent, ont démontré sur l'étendue et l'épaisseur des gisements ; nous insisterons seulement sur les chiffres indiquant la superficie des concessions.

> Celle de Dardagny a   816 hectares.
> — Satigny   1834   »
> — Russin   445   »
>
> Total,   3095 hectares.

Le seul travail un peu considérable en profondeur, le puits Tessier, creusé à 36 mètres pour la recherche du charbon, est tout entier dans la molasse bitumeuse, et il est probable qu'il n'a pas atteint la limite inférieure du banc. Nous ne voulons point déduire de ce fait que le gisement présente partout une telle épaisseur ; nous admettrons même que, par hasard, ce travail a été effectué dans la partie la plus épaisse de la couche ; malgré cela, il reste acquis que le cube total du minerai bitumineux à ses divers degrés d'imprégnation, est très-considérable et suffira longtemps à une exploitation très-active.

II

De la qualité.

La valeur chimique de nos produits a été déterminée par diverses analyses insérées dans cette notice ; il en résulte qu'en moyenne la proportion du bitume serait de 5 à 5 $\frac{1}{2}$ $^{\circ}/_{\circ}$.

A première vue, cela paraît peu rémunérateur, du moins pour l'application aux travaux d'asphalte ; mais, en considérant qu'aucune exploitation sérieuse n'a encore été faite de ces gisements, il est facile de se convaincre que les échantillons soumis à l'analyse ne proviennent que des couches supérieures, ou affleurements. Le puits Tessier, creusé dans un tout autre but, étant depuis longtemps envahi par l'eau et les déblais, aucun échantillon des couches inférieures n'a été examiné.

Or, il est avéré que dans tous les gisements bitumineux, de calcaires ou de grès, la quantité du bitume augmente avec la profondeur dans des proportions souvent sensibles, à tel point que parfois, même à la base des couches, lorsque le terrain inférieur est réfractaire à l'imprégnation, le bitume se dépose en masses liquides ou remplit des poches et fissures dans ces terrains sous-jacents.

D'autre part, il ne faut pas oublier que les échantillons analysés ont été pris à une faible profondeur au-dessous de la surface du sol, et que, par conséquent, ils ont été soumis à des influences destructives de leur imprégnation bitumineuse ; nous voulons dire celles de l'air et de l'eau.

Ce qui prouve que l'eau enlève une portion notable du bitume, c'est que tous les cours d'eau de la contrée, notamment le ruisseau Nant Punais, véhiculent de ce bitume et des huiles minérales.

Si donc nous voulons obtenir une analyse donnant une moyenne exacte, l'échantillon devra être tiré des couches situées au-dessous du niveau des eaux courantes. D'avance et par simple induction, on peut prévoir que cette expérience donnera une plus-value dans la proportion du bitume.

Remarquons ici que dans les échantillons qui nous ont été envoyés à l'essai, à titre de mastic bitumineux, nous avons obtenu la fusion d'une quantité nécessaire au recouvrement d'un mètre carré à 0,015 d'épaisseur avec la quantité voulue de gravier, et cela en n'employant qu'un kilogramme de bitume étranger, ce qui représenterait une proportion d'environ 25 °/₀ d'imprégnation bitumineuse. Ces échantillons provenaient d'une recherche au-dessous du lit du Nant Punais.

Nous ne nous basons pas sur ce fait, sans doute anormal, pour établir que tout le gisement présente cette valeur : la différence avec les résultats obtenus par les chimistes est effectivement trop sensible pour que notre assertion paraisse acceptable ;

mais l'expérience précitée vient à l'appui de ce que nous disions plus haut quant à la progression de la richesse bitumineuse en raison de la profondeur des couches et de l'absence d'infiltrations d'eau. Il est vrai que ce même fait peut indiquer aussi une différence d'imprégnation selon les points d'attaque du gisement, certaines parties plus riches atteignant les couches supérieures, comme certaines parties pauvres peuvent se rencontrer dans les couches inférieures.

Ceci n'est pas un défaut, bien au contraire. Les produits trop bitumineux ayant pour certaines applications des inconvénients graves, il est important et très-avantageux de mitiger leur excès de richesse par des produits analogues, mais plus pauvres; autrement on se verrait forcé de mélanger des produits étrangers, et l'expérience indique que les travaux de ce genre n'ont jamais donné de bons résultats. D'ailleurs, ces parties riches et ces parties pauvres ont chacune leur emploi particulier avec des avantages spéciaux.

Constatons, en terminant ce chapitre, que des analyses récentes, faites par M. Schmidt, chimiste, à Genève, ont donné jusqu'à 8, 2 %, et cela sur échantillons provenant aussi d'affleurements, mais d'extraction plus fraîche.

III

Des applications aux travaux publics et privés.

Mastic bitumineux. Comme nos documents présentent quelques lacunes à l'égard de ces importantes applications, nous croyons devoir les faire suivre de quelques développements.

En considérant, d'une part, les propriétés des asphaltes ou calcaires bitumineux, et, d'autre part, les nombreuses applications qui en ont été faites, soit dans l'antiquité, soit dans les temps modernes, nous trouvons que les grès bitumineux employés sous forme de mastic, présentent, dans les points essentiels, les mêmes avantages que l'asphalte.

L'application des mastics de grès bitumineux est du reste connue; souvent ils furent employés avec succès.

Les produits de ces gisements ont, de vieille date, servi à d'importants travaux à Genève, ainsi entre autres :

En 1834, au *Marché couvert* (actuellement *Crédit Lyonnais*), un pavage en mastic exécuté par M. Saudino, pour une valeur de 7673 fr.

En 1838, trottoir rue Corraterie, exécuté par MM. Grenus frères, pour fr. 2560, et, vers la même époque, la plateforme du fortin du fort de l'Écluse, etc., etc.

Notons, en passant, que les premiers trottoirs en asphalte exécutés à Paris datent de 1838.

Les mastics fabriqués avec les grès bitumineux d'Auvergne sont depuis longtemps employés à Paris, l'administration des Travaux publics les ayant seuls admis en concurrence avec les mastics de calcaire asphaltique de Seyssel et de Travers.

En effet, nous lisons dans l'excellent ouvrage de M. l'ingénieur Malo sur les asphaltes, les deux articles suivants, qu'il extrait du « Cahier des charges de l'entreprise des travaux d'entretien et de construction des trottoirs et dallages en bitume dépendant du service municipal, du 1er Janvier 1862 au 31 Décembre 1871 :

« Art. 21. — La deuxième catégorie sera formée d'un mélange de bitume naturel « dans la proportion de un dixième de son poids au plus et de roche asphaltique « d'Auvergne ou autres reconnues équivalentes par les ingénieurs.

« Art. 24. — La roche asphaltique d'Auvergne devra être un *grès bitumineux* « mélangé de psammite, imprégné régulièrement de bitume, etc. »

Les ingénieurs du service municipal de Paris, dont l'expérience en pareille matière ne peut être mise en doute, ayant ainsi admis l'emploi de ces produits, c'est assurément qu'ils leur ont reconnu une valeur équivalente à celle des mastics de calcaire asphaltique ; la question est donc jugée.

Nous avons dit et nous répétons que le grès bitumineux de nos concessions est pareil à celui d'Auvergne.

8

Sans rentrer dans le détail de ses diverses applications, disons seulement que le grès bitumineux peut servir à la construction :

des trottoirs, zones, refuges, cours, vestibules, corridors, etc;

terrasses et balcons ;

toitures à faible pente, espaliers, auvents, etc.;

dallages de magasins, filatures, buanderies, hôpitaux, etc.;

écuries et remises;

fondations de maisons humides ;

chapes de ponts, de tunnels et de fortifications ;

silos, citernes, caves, fosses, etc.;

de même à l'établissement des fondations maritimes, l'eau de mer étant sans action sur les bitumes (1).

On les emploie également avec avantage aux revêtements verticaux des murs de caves exposés à des infiltrations, aux bassins de fontaine, cunettes d'égouts, etc., etc.

sphalte comprimé. Les grès bitumineux ne peuvent être appliqués à chaud pour le revêtement des chaussées en asphalte comprimé; du moins il n'a pas été fait de travaux de ce genre, et nous ne croyons pas qu'ils soient propres à cette application. Mais ceci est de peu d'importance actuellement, attendu que l'application à chaud de l'asphalte naturel, réduit en poudre et comprimé, tend à diminuer sensiblement pour être remplacé par d'autres systèmes plus avantageux.

L'asphalte comprimé, en effet, présente un inconvénient grave, le *glissement* ; il ne peut donc être appliqué que sur des surfaces horizontales ou sur des rampes extrêmement faibles ; en outre, le travail doit être effectué dans de telles conditions de temps et de soins qu'il est difficile d'arriver à une application convenable ; de là des travaux coûteux, soit pour l'entretien, soit pour la réfection.

(1) Guide pratique pour la fabrication et l'application de l'asphalte et des bitumes, par **M. Malo**, ingénieur (pages **80** à **107**).

Mais si notre grès ne peut être utilisé pour ce genre de travaux, il remplit, en revanche, toutes les conditions nécessaires pour être employé à froid au revêtement des chaussées.

Comme l'indique un de nos documents, de récentes applications ont été faites d'après ce nouveau procédé. Nous n'avons pu vérifier la bienfacture de ce travail, exécuté à Paris, faubourg Poissonnière ; nous attendons, pour formuler un jugement, qu'une plume mieux autorisée que la nôtre en ait fait l'objet d'un rapport.

Il est certain que si ces essais ont un résultat favorable, l'application à froid du grès bitumineux aux chaussées prendra rapidement le pas sur l'asphalte comprimé, dont l'application à chaud présente des difficultés nombreuses et des chances d'insuccès trop fréquentes.

Le prix du grès bitumineux étant très-inférieur à celui de l'asphalte, il y aura donc économie notable à l'employer ; en outre, l'économie augmentera encore par le fait que la matière n'étant pas chauffée, on évite l'installation d'appareils très-coûteux, une consommation assez forte de combustible, une main d'œuvre et les frais de transport inhérents à ce chauffage.

Pavage en bois bituminé. Un autre mode d'emploi très-avantageux de nos produits, et qui peut avoir un grand avenir, se trouve assuré dans les pavages en bois bituminé.

Nous extrayons à ce sujet d'un remarquable article publié par la *Feuille d'Avis du Val-de-Travers* du 21 décembre 1876, les lignes suivantes :

« Je vous ai dit, dans une précédente lettre, que tous les essais tentés jusqu'ici « pour macadamiser les chaussées par les alliages de bitumes et d'autres matières, « avaient échoué ; mais je n'avais pas songé aux pavages en bois bituminé. On m'assure « que dans quelques villes importantes d'Angleterre, ce système a donné de bons « résultats ; à Paris, des essais faits il y a cinq ou six ans sur la place de l'École de « Médecine et sur le boulevard Saint-Michel, près de la fontaine du même nom, se « sont jusqu'ici fort bien comportés. Une nouvelle expérience vient d'être faite dans « la rue Saint-Georges, et la partie terminée entre la rue de Châteaudun et la rue

« Lafayette se présente fort bien ; les pieds des chevaux trouvent plus de résistance
« que sur les chaussées en asphalte comprimé, ce qui est facile à vérifier dans la
« petite pente qui, de la rue Saint-Georges, aboutit à la rue Lafayette.

« Voici comment on procède :

« L'ancien pavé enlevé, on pose sur le sol, préalablement damé et nivelé, des
« planches en sapin qu'on a fait passer dans un bain de bitume en ébullition ; ces
« planches sont disposées en losange. Une fois ce plancher établi, on pose dessus,
« par rangées dans toute la longueur de la chaussée, des pavés en bois de sapin non
« bituminé ; ces pavés, à peu près de la grosseur des pavés de porphyre, sont placés
« debout, et non à plat comme les pavés de grès ou de porphyre. Entre chaque rangée,
« on laisse un intervalle de 2 ou 3 centimètres ; ces interstices sont remplis avec du
« gros gravier qu'on tasse au moyen de coups de maillet sur une lame de fer introduite
« dans les interstices. On arrive ainsi à un travail très-solidement fait. On verse alors
« sur toute la surface du bitume liquide et bouillant, puis, quand il est à peu près
« refroidi, on couvre le tout de sable et de gravier fin. On remarquera que le bitume
« versé bouillant remplit les vides qui peuvent exister encore entre les rangées de
« pavés, et qu'ainsi le tout forme un travail solide, compacte et bien cimenté.

« Les pavés, étant placés debout, sont moins sujets à s'érailler, et forment un
« pavage de 16 à 17 centimètres de hauteur, ce qui constitue une garantie de durée
« qu'aucun autre mode de pavage ne peut avoir la prétention d'égaler. Je le répète, ce
« pavage en bois bituminé m'a paru présenter de sérieux avantages, et si son prix de
« revient n'est pas trop élevé, il pourra lutter victorieusement même contre les
« dallages de roche asphaltique en poudre comprimée. »

Il résulte de renseignements fournis au Conseil municipal de Paris par M. Al-
phand, Directeur des travaux, que ce système de pavage coûte 26 francs le
mètre carré, ce qui paraît, il est vrai, un peu cher ; mais il y a lieu d'espérer une sensible réduction sur le chiffre de revient en employant le grès bitumineux, dont le prix
est minime ; en effet, les interstices entre les pavés pourraient être remplis de grès
bitumineux et de gravier préalablement mélangés dans de certaines proportions, le
tout légèrement chauffé. On éviterait ainsi le coulage du bitume liquide et bouillant
indiqué dans le procédé actuel, et qui rend celui-ci fort coûteux, vu le prix élevé du
bitume libre.

Mais, en supposant même que ce coulage liquide ne puisse être supprimé, nous ne voyons pas la nécessité de continuer à se servir de bitume purifié ; on réaliserait une économie sensible en utilisant les bitumes naturels extraits d'une première préparation de nos grès. Ces bitumes ou écumes renferment une certaine quantité de sable ; mais ceci n'est pas un mal, puisque la surface du travail doit être recouverte de sable et de fin gravier.

Nous estimons qu'en Suisse, où le prix de toutes les matières premières servant au pavage en bois bituminé est moins élevé qu'ailleurs, ce système présenterait une véritable supériorité sur tous les autres.

A ce sujet, le correspondant de la feuille précitée ajoute :

« Il serait très-désirable qu'on fît en Suisse quelques essais de ce mode de pavage ; « le bitume abonde dans le Jura, » etc.

Et plus loin :

« Il existe dans le canton de Genève des gisements de grès bitumineux situés sur « la ligne même du chemin de fer de Lyon, qui pourraient être exploités avec grand « avantage. »

Bitume.

En dehors des usages que nous venons d'énumérer, notre grès sert encore, et surtout, à la production de ce même bitume, qui entre comme partie essentielle dans toutes les applications aux travaux publics et privés.

Nous avons vu que notre minerai contient une proportion minimum de 5 à 5 1/2 °/₀ de bitume, et nous avons déduit de certains faits que cette proportion peut être beaucoup plus forte selon les points d'extraction.

Ce bitume d'imprégnation s'extrait avec facilité, et, vu le coût minime du grès, nous obtiendrons le bitume à un prix modique.

Nous aurons ce double avantage, de livrer au commerce un produit naturel à un taux favorable et d'employer pour nos propres travaux un bitume de même provenance que nos autres produits, sans mélanges étrangers ; or, ceci est une des conditions essentielles pour assurer une bonne application.

Le procédé le plus économique pour extraire le bitume est décrit par M. Malo, page 52, comme suit :

« Les blocs de minerai sont cassés en morceaux de 0,07 à 0,08 de côté, jetés dans
« des chaudières pleines d'eau bouillante et brassés pendant une heure environ. Le
« bitume qui imprègne et coagule le minerai étant porté à 100° se liquéfie, la molasse
« tombe en sable, et, le bouillonnement de l'eau agissant mécaniquement, chaque
« grain se dépouille de son enveloppe bitumineuse, qui vient surnager. On écume la
« surface pour recueillir le bitume, et le sable reste blanc au fond ; on enlève ce sable,
« on recharge la chaudière et l'opération recommence. Pour purger les écumes de ce
« sable, on les fait bouillir ; l'eau s'évapore, le sable gagne le fond en vertu de la
« densité, et l'on décante. »

Et page 54 :

« Nous avons dit que les écumes du minerai à gros grain, celles d'Auvergne, par
« exemple, ne renferment que 20 à 25 0/0 de leur poids en sable. L'administration
« municipale de Paris, dans le but de ne faire intervenir dans les travaux que des
« produits aussi peu fabriqués que possible, a prescrit l'emploi de ces écumes, au lieu
« et place du bitume. Les écumes apporteront dans le mastic une petite quantité de
« sable fin, soit 3 à 3 1/2 0/0 du poids du mastic, ce qui est insignifiant, puisqu'on
« ajoute au mastic, au moment de l'application, jusqu'à 50 et 60 0/0 de gravier. »

Notre fabrication de bitume sera d'autant plus économique que nos minerais serviront eux-mêmes de combustible et que les détritus ont leur emploi assuré dans l'agriculture.

Nous sommes convaincus que nos bitumes, semblables à ceux d'Auvergne, seront admis au même titre par les administrations qui ont prescrit l'usage de ces derniers.

L'emploi des nôtres, par l'économie qu'il présente, est donc indiqué pour la pose des *parquets sur bitume*, procédé nouveau, excellent, mais encore coûteux, en raison de la cherté actuelle de ce bitume.

C'est ici le lieu de rappeler qu'en raison du bas prix auquel on l'obtiendra, ce bitume trouvera encore son emploi dans la fabrication des mastics factices pour les travaux d'intérieur, et cela à meilleur compte qu'au moyen des goudrons de gaz ou des bitumes issus des bogheads et huiles lourdes de schiste.

En conséquence, le grès de nos concessions trouvera son emploi :

1° Comme mastic dans tous les travaux d'asphalte fondu ;

2° Comme roche bitumineuse appliquée à froid aux chaussées ;

3° Comme roche et bitume réunis pour la construction des chaussées pavées en bois bituminé ;

4° Enfin comme bitume naturel.

IV

Des emplois dans l'industrie et l'agriculture.

Nous ne décrirons pas le grand nombre des cas où le grès bitumineux peut être utilisé, ce qui nous entraînerait à une trop longue digression ; qu'il nous suffise d'en indiquer ici les principaux emplois.

L'article intéressant que M. A. Schmidt a bien voulu nous autoriser à publier dans cette notice, signale les applications très-heureuses que M. le professeur Dorn a introduites dans l'usine de Reutlingen (Wurtemberg). Nous y lisons que les grès bitumineux de cette contrée donnent :

1° Un combustible avantageux, non-seulement comme prix, mais encore comme qualité, sans suie ni fumée, sans odeur et sans action nuisible de la flamme sur les métaux, et d'une puissance calorifique considérable ;

2° Par la distillation, un gaz d'éclairage produisant une lumière plus régulièrement belle que celle du gaz de houille, exigeant beaucoup moins de frais d'épuration et exempt d'odeur désagréable. La simplicité des appareils, les procédés peu coûteux de fabrication, la valeur minime de la matière première et des combustibles, permettraient de livrer ce gaz à un prix inférieur d'*un tiers au moins* à celui actuellement en usage ;

3° Par les résidus de la fabrication du gaz, un engrais excellent pour l'agriculture ;

4° Par ces mêmes résidus mélangés de certaines matières dans des proportions déterminées, un ciment de qualité semblable au ciment de Portland ;

5° Des goudrons servant aux mêmes usages que ceux de houille.

Nos minerais, seuls ou mélangés avec diverses matières, peuvent encore servir :

a) A la production des huiles minérales d'éclairage ;

b) A la préparation de certaines huiles ou graisses employées dans plusieurs industries ;

c) A la fabrication de briquettes utilisables pour foyers de machines à vapeur et cheminées à fort tirage ;

d) A la confection de certains mortiers hydrauliques très-puissants ;

e) A la salubrité de tous les locaux infectés de miasmes ;

f) A la préservation des graines, fourrages, etc., renfermés dans les greniers et magasins, en éloignant tous végétaux parasites et animaux nuisibles.

Personne, en effet, n'ignore que les goudrons et, en général, les produits bitumineux, sont anti-miasmatiques et redoutés de la plupart des insectes. Le procédé pour obtenir ce résultat est des plus simples et fort peu coûteux.

Le goudron a été utilisé avec succès contre le phylloxera, près de Genève même ; mais le mode d'application a été dispendieux. L'emploi du grès bitumineux en poudre, répandu sur le sol, ne produirait-il pas un effet avantageux ? C'est là une question qui mériterait, ce nous semble, d'être étudiée.

Avant de terminer, nous signalerons encore un emploi spécial, fort peu connu, mais appelé peut-être à certaines applications intéressantes : nous voulons parler des asphaltes dits ligneux, combinaison dont nous sommes l'inventeur breveté. Ce produit, d'une ténacité remarquable et d'*une densité souvent inférieure à celle de l'eau*, peut servir dans une foule de cas où les asphaltes ordinaires ne remplissent pas le but, à raison de leur texture cassante et du prix élevé auquel leur poids les fait arriver.

En somme, et de tout ce qui précède, il résulte que nous sommes en présence d'un minerai susceptible d'applications de diverses natures, et qui existe en suffisante quantité et qualité pour donner lieu à une exploitation fructueuse. Placés dans des conditions aussi exceptionnellement favorables, nous croyons être en mesure de lutter avec toute entreprise rivale.

Si, malgré leur date déjà ancienne, les concessions dont il s'agit sont encore inexploitées, cela tient essentiellement à ce qu'appartenant à divers propriétaires, il n'y a pas eu accord entre eux, et qu'ils n'ont pas apprécié à leur juste valeur les richesses qu'ils avaient en mains; ceci est facile à comprendre, si l'on réfléchit que le grès bitumineux était à peu près sans emploi, l'asphalte proprement dit tenant seul jusqu'à ce jour la tête du marché.

Le moment est enfin venu de tirer parti de ce minerai enfoui dans notre sol ; nous ne doutons pas que, sans sortir de Genève, les capitaux nécessaires à cette exploitation ne se trouvent rapidement, donnant ainsi un essor tout nouveau à l'industrie nationale et du travail à de nombreux ouvriers, tout en rémunérant largement le capital.

Il est même urgent de constituer dès à présent une société sérieuse et d'ouvrir sans retard les travaux, car nous pouvons craindre d'être devancés sur le marché par des concessions rivales, moins bien placées que nous, mais ayant l'avantage de la priorité.

Pour conclure, nous transcrirons encore ces lignes de l'article déjà cité de la *Feuille d'Avis du Val-de-Travers*, du 21 décembre 1876 :

« Malheureusement, à la suite de cruelles déceptions éprouvées par nos capitalistes

9

« dans des entreprises suisses, il existe aujourd'hui beaucoup de préventions contre
« toutes les affaires qu'on cherche à constituer dans notre pays. Il suffit de jeter un
« coup d'œil sur la liste des valeurs qui se négocient à la Bourse de Genève, pour se
« convaincre que beaucoup de capitaux suisses vont s'éparpiller dans des entreprises
« étrangères, qui bien souvent, hélas! donnent des résultats pitoyables, comme le
« Péruvien, le Haïtien, le Turc, l'Espagnol et tutti quanti, dans lesquels on s'est
« engagé, sur la foi de prospectus menteurs et frauduleux et qu'on a crus *d'autant*
« *meilleurs qu'ils étaient plus éloignés.* Que le travail qui s'est fait en France dans les
« esprits contre les fonds étrangers se fasse pareillement en Suisse ; que, par une
« réaction naturelle, les capitaux se reportent sur des affaires nationales, et nous pour-
« rons alors chercher chez nous des entreprises que nous aurons sous les yeux, pour
« ainsi dire sous la main, et qui, bien étudiées et honnêtement administrées, donne-
« ront aux capitaux des profits rémunérateurs, tout en créant dans le pays des indus-
« tries prospères, source de travail et de richesse. Sans parler des gisements bitu-
« mineux de Satigny, je pourrais citer une longue liste d'affaires auxquelles il ne
« manque que des capitaux pour les fructifier et pour en faire des entreprises de
« tout repos pour les capitalistes. »

Nous ferons observer que, venant de cette source — les asphaltes du Val-de-Travers sont un de nos plus forts concurrents, — les lignes que nous venons de citer ne
peuvent être suspectes de partialité en notre faveur.

Clarens, le 15 janvier 1877.

Antony REY.

Pour tous renseignements, s'adresser à :

M. Th. PIGUET, notaire, 19, rue du Rhône, Genève ;
M. Francis DOLLMAN, solicitor, 45, Cornhill E. C., Londres.

CONCESt DARDAGNY, CANTON DE GENÈVE.

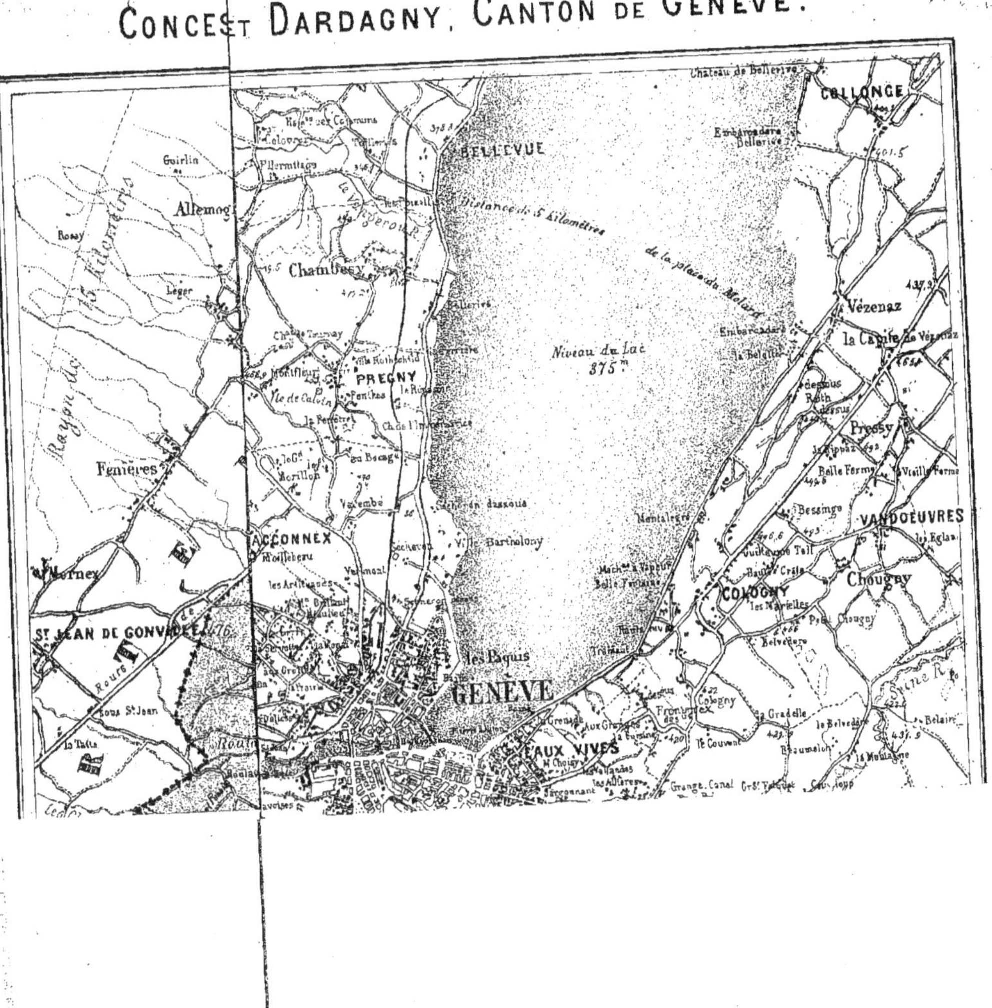

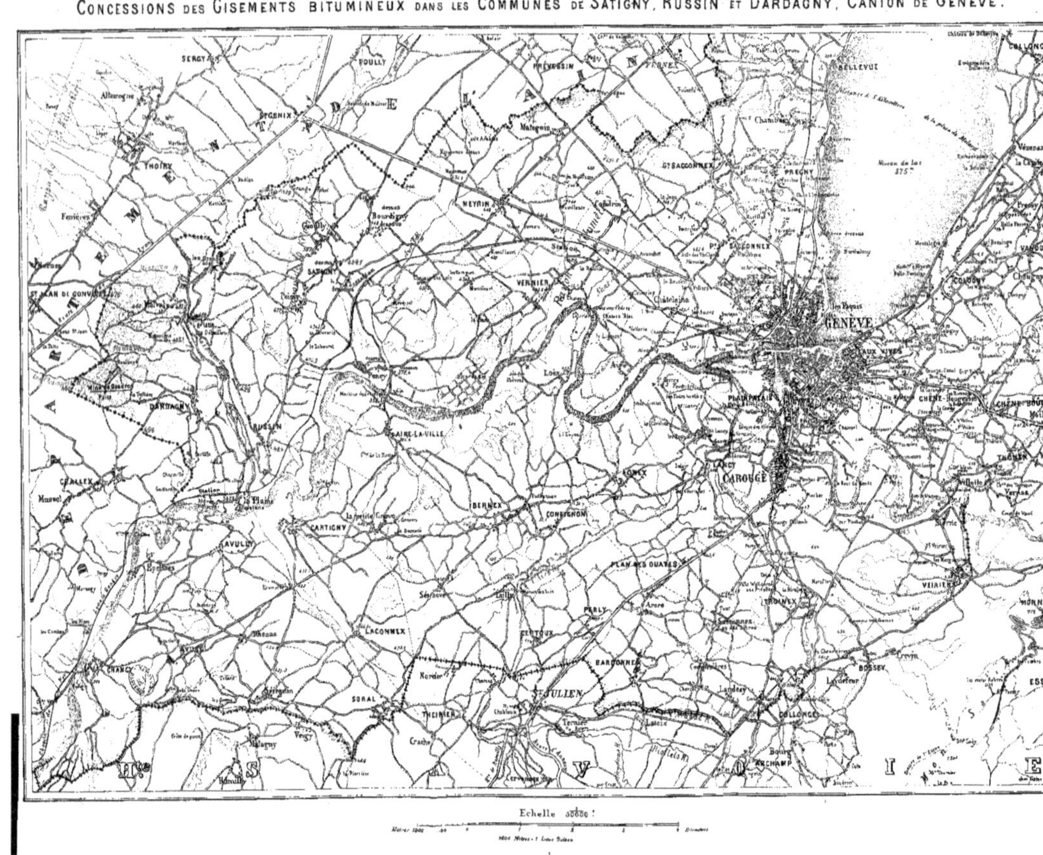
Echelle